"十四五"职业教育国家规划教材

●中等职业学校酒店**服务与管理类**规划教材●

咖啡服务

（第2版）

■荣晓坤 主编 ■林 静 李亚男 副主编

清华大学出版社
北京

内容简介

"咖啡服务"是酒店服务与管理专业的核心课程。本书在编写过程中,力求在内容上体现新知识、新技术、新工艺;体例上以任务为引领,通过设置工作情境,激发学习咖啡制作的兴趣;以信息页形式将主要知识及技能操作融为一体;通过填写任务单,完成实际操作流程,掌握咖啡制作及服务技能;通过任务评价检验学生的学习效果并予以激励。本书涵盖了初学冲泡原味咖啡、使用咖啡机制作咖啡、教你制作经典咖啡、咖啡厅服务、营建浪漫咖啡屋等内容。

本书已入选"'十四五'职业教育国家规划教材",可作为中等职业学校酒店服务与管理专业的教材,也可供相关岗位培训以及对咖啡有兴趣的读者参考使用。

图书在版编目(CIP)数据

咖啡服务 / 荣晓坤 主编 . —2 版 . —北京:清华大学出版社,2019(2024.7 重印)
(中等职业学校酒店服务与管理类规划教材)
ISBN 978-7-302-51972-0

Ⅰ . ①咖… Ⅱ . ①荣… Ⅲ . ①咖啡—配制—中等专业学校—教材 Ⅳ . ① TS273

中国版本图书馆 CIP 数据核字 (2018) 第 295529 号

责任编辑:王燊娉 张雪群
封面设计:赵晋锋
版式设计:方加青
责任校对:牛艳敏
责任印制:刘海龙

出版发行:清华大学出版社
　　　　　网　　　址:https://www.tup.com.cn,https://www.wqxuetang.com
　　　　　地　　　址:北京清华大学学研大厦 A 座　　　邮　　编:100084
　　　　　社 总 机:010-83470000　　　　　　　　　　邮　　购:010-62786544
　　　　　投稿与读者服务:010-62776969,c-service@tup.tsinghua.edu.cn
　　　　　质 量 反 馈:010-62772015,zhiliang@tup.tsinghua.edu.cn
印 装 者:三河市铭诚印务有限公司
经　　销:全国新华书店
开　　本:185mm×260mm　　　印　　张:11.5　　　字　　数:237 千字
版　　次:2011 年 8 月第 1 版　2019 年 4 月第 2 版　印　　次:2024 年 7 月第 7 次印刷
定　　价:59.00 元

产品编号:080473-03

丛书编委会

丛书序

以北京市外事学校为主任校的北京市饭店服务与管理专业委员会，联合了北京和上海两地12所学校，与清华大学出版社强强联手，以教学实践中的第一手材料为素材，在总结校本教材编写经验的基础上，开发了本套《中等职业学校酒店服务与管理类规划教材》。北京市外事学校是国家旅游局旅游职业教育校企合作示范基地，与国内多家酒店有着专业实践和课程开发等多领域、多层次的合作，教材编写中，聘请了酒店业内人士全程跟踪指导。本套教材的第一版于2011年出版，使用过程中得到了众多院校师生和广大社会人士的垂爱，再版之际，一并表示深深的谢意。

中国共产党第二十次全国代表大会报告强调，要"优化职业教育类型定位"，"培养造就大批德才兼备的高素质人才，是国家和民族长远发展大计"。近年来，酒店业的产业规模不断调整和扩大，标准化管理不断完善，随之而来的是对其从业人员的职业素养要求也越来越高。行业发展的需求迫使人才培养的目标和水平必须做到与时俱进，我们在认真分析总结国内外同类教材及兄弟院校使用建议的基础上，对部分专业知识进行了更新，增加了新的专业技能，从教材的广度和深度方面，力求更加契合行业需求。

作为中职领域教学一线的教师，能够静下心来总结教学过程中的经验与得失，某种程度上可称之为"负重的幸福"，是沉淀积累的过程，也是破茧成蝶的过程。浮躁之风越是盛行，越需要有人埋下头来做好基础性的工作。这些工作可能是默默无闻的，是不会给从事者带来直接"效益"的，但是，如果无人去做，或做得不好，所谓的发展与弘扬都会成为空中楼阁。坚守在第一线的教师们能够执着于此、献身于此，是值得被肯定的，这也应是中国职业教育发展的希望所在吧。

本套教材在编写中以能力为本位、以合作学习理论为指导，通过任务驱动来完成单元的学习与体验，适合作为中等职业学校酒店服务与管理专业的教材，也可供相关培训单位选作参考用书，对旅游业和其他服务性行业人员也有一定的参考价值。

这是一个正在急速变化的世界，新技术信息以每2年增加1倍的速度增长，据说《纽约时报》一周的信息量，相当于18世纪的人一生的资讯量。我们深知知识更新的周期越来越

短，加之编者自身水平所限，本套教材再版之际仍然难免有不足之处，敬请各位专家、同行、同学和对本专业领域感兴趣的学习者提出宝贵意见。

2022年12月

前　言

　　《国家中长期教育改革和发展规划纲要》提出要大力发展职业教育，指出："职业教育要面向人、面向社会，着力培养学生的职业道德、职业技能和就业创业能力。"党的二十大报告提出，在"全面建成社会主义现代化强国、实现第二个百年奋斗目标，以中国式现代化全面推进中华民族伟大复兴"的关键时期，应"统筹职业教育、高等教育、继续教育协同创新，推进职普融通、产教融合、科教融汇，优化职业教育类型定位"。我们必须"以服务为宗旨，以就业为导向，推进教育教学改革"，满足经济社会对高素质劳动者和技能型人才的需要。因此，职业教育重在培养学生的专业技能，教学中注重理论实践一体化，进而在教材编写中应摆脱学科体系的设计思路，创设职业情境，将理论知识融于实践操作之中。

　　《咖啡服务(第2版)》是酒店服务与管理专业的核心课教材，还可供相关职业院校及培训机构选用。本书在编写过程中，力求在内容上体现新知识、新技术、新工艺；体例上以任务为引领，通过设置工作情境，激发学习咖啡制作的兴趣；以信息页形式将主要知识及技能操作融为一体；通过填写任务单，完成实际操作流程，掌握咖啡制作及服务技能；通过任务评价检验学生的学习效果并予以激励。

　　本书主编为荣晓坤，副主编为林静、李亚男，参编人员有贾玉成、庄馨涵、王颖鑫、常鹏、田艳清、张辉云、马俊玲等。全书共分为初学冲泡原味咖啡、使用咖啡机制作咖啡、教你制作经典咖啡、咖啡厅服务和营建浪漫咖啡屋5个单元。单元一和单元四由荣晓坤、林静、李亚男、张辉云、马俊玲编写，单元二由庄馨涵、李亚男、张辉云编写，单元三由李亚男、王颖鑫、庄馨涵、荣晓坤、马俊玲、田艳清编写，单元五由贾玉成、庄馨涵、李亚男、常鹏编写。本书在编写过程中得到了世贸星际餐饮管理(北京)有限公司总裁张旭闽先生的大力支持，在此表示衷心的感谢！

　　同时，为方便学生学习，闫丽琴为本书录制了相关视频(法压壶冲泡咖啡、虹吸壶煮咖啡、滴滤杯冲泡咖啡、摩卡壶冲煮咖啡、爱乐压咖啡机冲泡咖啡、冰滴壶冲泡咖啡、美式咖啡机的咖啡制作、半自动咖啡机的咖啡制作等)，供操作参考，相应内容可以到http://www.tup.com.cn网站下载。

　　由于编者水平有限，书中难免有疏漏之处，希望读者在阅读和使用过程中能够提出宝贵意见，以使教材不断丰富和完善。

编　者

2023年7月

目 录

| 单元一 初学冲泡原味咖啡 |

| 单元二　使用咖啡机制作咖啡 |

| 单元三　教你制作经典咖啡 |

初学冲泡原味咖啡

用不同的咖啡器具冲泡原味咖啡，带你走进咖啡的世界，品尝一下原味咖啡的醇香，开始美丽的咖啡之旅。

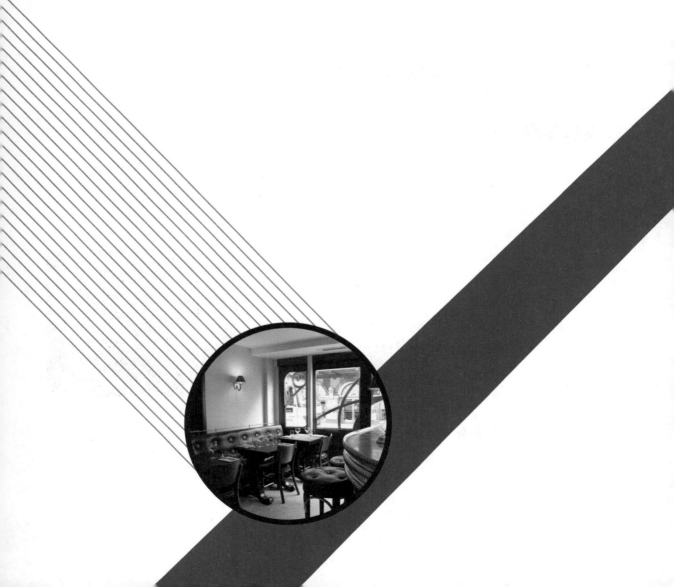

任务一　法压壶冲泡咖啡

工作情境 🔍

在小型聚会上，如果要用最快的速度为客人们冲泡咖啡，那么就应该首选最为简单的"法压壶"冲泡法。这种方法既简单，又省时，人们戏称之为"懒人冲泡法"。

具体工作任务

- 分辨咖啡豆的烘焙度；
- 学会研磨咖啡豆；
- 用法压壶冲泡咖啡。

活动一 ▶ 区分咖啡豆的烘焙度

信息页 ▶ 咖啡豆的烘焙

一、什么叫烘焙

烘焙(Roast)，又称烘烤、焙烤，是指在物料燃点之下通过干热的方式使物料脱水变干变硬的过程。

为什么要烘焙咖啡豆呢？因为烘焙会使咖啡散发出香味，会使不同种类的咖啡散发出不同的味道。

烘焙咖啡豆最主要的原理，是借由加热使咖啡豆内部结构产生热分解的化学变化。更明确地说，也就是加热使豆子水分蒸发，体积膨胀，使原本存在于豆内的氯酸分布更均匀或含量降低，使碳水化合物焦化，使豆内的油脂穿透豆壁释放出芳香。

二、咖啡豆烘焙过程

咖啡豆烘焙的基本流程，如图1-1-1所示。

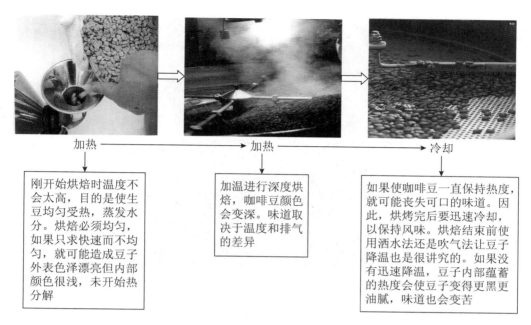

加热 ⟶ 加热 ⟶ 冷却

刚开始烘焙时温度不会太高，目的是使生豆均匀受热，蒸发水分。烘焙必须均匀，如果只求快速而不均匀，就可能造成豆子外表色泽漂亮但内部颜色很浅，未开始热分解

加温进行深度烘焙，咖啡豆颜色会变深。味道取决于温度和排气的差异

如果使咖啡豆一直保持热度，就可能丧失可口的味道。因此，烘烤完后要迅速冷却，以保持风味。烘焙结束前使用洒水法还是吹气法让豆子降温也是很讲究的。如果没有迅速降温，豆子内部蕴蓄的热度会使豆子变得更黑更油腻，味道也会变苦

图1-1-1　咖啡豆烘焙的基本流程

三、咖啡豆的烘焙度

从专业角度来说，烘焙程度用L值表示。L值就是以黑色=0、白色=100为标准，用测色计测得的明亮度。随着烘焙时间加长，咖啡豆颜色变深，L值愈接近为0。

(1) 烘焙大致分为浅(Light)、中(Medium)、深(Dark)和极深(Very Dark)烘焙。

① 浅烘焙的咖啡豆：会有很浓的气味，很脆，很高的酸度，主要的风味为酸味，并带有轻微的醇度。

② 中烘焙的咖啡豆：有很浓的醇度，同时还保存着大部分的酸度。

③ 深烘焙的咖啡豆：表面带有一点油脂的痕迹，酸度被轻微的焦苦所代替，而产生一种辛辣的味道。

④ 极深烘焙的咖啡豆：颜色为黑色，因油脂已渗透至表面，带有一种炭灰的苦味，醇度明显降低。

所以，豆的种类、烘焙温度及烘焙方式、烘焙时间的长短都是决定最后风味的主要因素。

(2) 如果以烘焙温度及时间来决定烘焙程度，那么就可以采用美式八阶段烘焙度来分级。

① 浅烘焙(Light Roast)，L值=30.2

浅烘焙是所有烘焙阶段中最浅的烘焙度，咖啡豆的表面呈淡淡的肉桂色，其口味和香

味均不足，一般用在检验上，很少用来品尝。按烘焙时间来说，接近所谓的"一爆"(是指生豆烘焙时受热体积膨胀产生的第一次爆裂)。浅烘焙效果如图1-1-2所示。

② 肉桂烘焙(Cinnamon Roast)，L值=27.3

咖啡豆外观上呈现肉桂色，臭青味已除，香味尚可，酸度强，咖啡味淡，市面上较少贩卖。按时间来说，约为"一爆"中期。肉桂烘焙效果如图1-1-3所示。

图1-1-2　浅烘焙　　　　　图1-1-3　肉桂烘焙

③ 中度烘焙(Medium Roast)，L值=24.2

咖啡豆外观上呈现棕色，除了酸味外，亦出现了苦味，口感不错。此时酸重于苦，醇度适中，又称美式烘焙。按烘焙时间来说，已接近"一爆"结束。中度烘焙效果如图1-1-4所示。

④ 深度烘焙(High Roast)，L值=21.5

属于中度微深烘焙，咖啡豆表面已出现少许浓茶色，苦味亦变强了。咖啡味道酸中带苦，香气及风味皆佳，是市面上卖得最多的烘焙豆。按烘焙时间来说，处于"一爆"已结束，咖啡豆出现褶皱，香味产生变化之时。深度烘焙效果如图1-1-5所示。

图1-1-4　中度烘焙　　　　　图1-1-5　深度烘焙

⑤ 城市烘焙(City Roast)，L值=18.5

咖啡豆外观上呈现咖啡棕色，是最标准的烘焙度，苦味和酸味达到平衡，可以使咖啡产生多层次感，让原本喜好中度烘焙的美国人改变了口味，转而喜欢上它。按烘焙时间来说，接近所谓的"二爆"(是指生豆产生第一次爆裂后继续加热，大量丧失水分，体积急速膨胀，产生第二次爆裂)。城市烘焙效果如图1-1-6所示。

⑥ 深度城市烘焙(Full-City Roast)，L值=16.8

咖啡豆外观上呈现深棕色，颜色已经变得相当深，表面变得油亮，苦味较酸味强，适合曼特宁、夏威夷可那等味道特征强烈的咖啡豆。按烘焙时间来说，"二爆"正好结束。深度城市烘焙效果如图1-1-7所示。

图1-1-6　城市烘焙　　　图1-1-7　深度城市烘焙

⑦ 法式烘焙(French Roast)，L值=15.5

法式烘焙属于深度烘焙，咖啡豆外观上呈现黑色，仍带一丝茶色，酸味已感觉不到，在欧洲尤其法国最为流行，因脂肪已渗透至表面，所以带有独特的香味，很适合做冰咖啡和维也纳咖啡。法式烘焙效果如图1-1-8所示。

⑧ 意式烘焙(Italian Roast)，L值=14.2

将咖啡豆烘焙到全黑，表面油光，接近焦化，此时只有苦味，味道单纯，有时带有烟熏味。适合果肉厚、酸味强的高地咖啡豆。虽然称为意式，但意大利式浓缩咖啡Espresso却已多采用城市或深度城市烘焙了。意式烘焙效果如图1-1-9所示。

图1-1-8　法式烘焙　　　图1-1-9　意式烘焙

?? 任务单　区分咖啡豆的烘焙度

任务内容	名称/用途/制作方法
咖啡豆烘焙知识(理论)	(1) 什么叫烘焙？ (2) 咖啡豆烘焙过程： (　　　　　)→(　　　　　)→(　　　　　)

(续表)

任务内容	名称/用途/制作方法	
区分咖啡豆的烘焙度 (实操练习)	连连看: 烘焙大致分为浅(Light)、中(Medium)、深(Dark)和极深(Very Dark)烘焙。 (1) 浅烘焙的咖啡豆 (2) 中烘焙的咖啡豆 (3) 深烘焙的咖啡豆 (4) 极深烘焙的咖啡豆	酸味几乎没有,苦味重 酸味与苦味都很平衡 酸味重,苦味极少

活动二 用法压壶冲泡咖啡

信息页 法压壶冲泡咖啡

法压壶是由法国人于1850年发明的,由于这种壶结构简单、使用方便且易于清洗,至今依然非常流行,并被广泛使用。

一、法压壶的原理

用法压壶冲泡咖啡的原理:用浸泡的方式,使水与咖啡粉全面接触,采用焖煮法来释放咖啡的精华。

二、法压壶的结构(如图1-1-10所示)

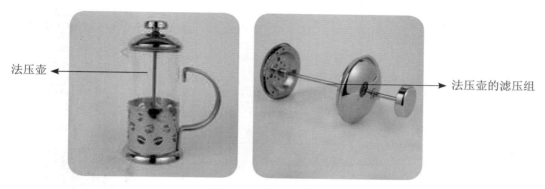

法压壶

法压壶的滤压组

图1-1-10　法压壶的结构

三、曼特宁咖啡豆

　　曼特宁咖啡豆产于亚洲印度尼西亚的苏门答腊,别称"苏门答腊咖啡"。它风味非常浓郁,香、苦、醇厚,带有少许甜味。一般的咖啡爱好者大都单品饮用,但它也是调配混合咖啡时不可或缺的品种。

　　曼特宁咖啡的主要产地有爪哇岛、苏拉威西岛及苏门答腊岛,其中90%为罗布斯塔种。其中,苏门答腊岛所产的曼特宁最为有名。

四、用法压壶冲泡咖啡

　　1. 准备工作

　　(1) 器具准备:法压壶、磨豆机(电动或手动)。

　　(2) 材料准备:曼特宁咖啡豆。

　　(3) 研磨度:粗颗粒状。

　　2. 用法压壶冲泡咖啡的过程(如表1-1-1所示)

表1-1-1　用法压壶冲泡咖啡的过程

法压壶冲泡咖啡的步骤	图片
向杯中倒入咖啡粉(咖啡粉要稍微粗点,因为热水直接接触咖啡粉,太细了容易萃取过度;一定要用新鲜的咖啡粉,因为不是高压萃取,陈咖啡粉的味道很容易冲泡出酸涩和焦苦味)	

(续表)

法压壶冲泡咖啡的步骤	图片
注入热水，使咖啡粉浸湿，水一定要用纯净水	
用长柄匙搅拌，使热水与咖啡粉混合均匀	
如果使用的是新鲜的咖啡粉，这时应起泡而膨胀	
将滤网稍稍放低，盖上盖子，焖约4分钟	
将滤网往下压，使咖啡粉和咖啡分离，倒出咖啡即可	

任务单　试试用法压壶进行冲泡

任务内容	名称/用途/制作方法
法压壶的冲泡准备	请你准备： (1) 器具准备：法压壶、磨豆机(电动或手动) (2) 材料准备：曼特宁咖啡豆 (3) 研磨度：粗颗粒状 曼特宁咖啡豆产于_____，具备_____特点
用法压壶冲泡咖啡的过程	按照操作步骤进行操作： (1) 向杯中倒入咖啡粉 (2) 注入热水，使咖啡粉浸湿 (3) 用长柄匙搅拌，使热水与咖啡粉混合均匀 (4) 如果使用的是新鲜的咖啡粉，这时应起泡而膨胀 (5) 将滤网稍稍放低，盖上盖子，焖约4分钟 (6) 将滤网往下压，使咖啡粉和咖啡分离，倒出咖啡即可

任务评价

任务一　法压壶冲泡咖啡评价表

评价项目	评价内容	个人评价			小组评价			教师评价		
操作前的准备工作	(1) 服务员的个人素质 (2) 准备的器具及材料	☺( )	☺( )	☹( )	☺( )	☺( )	☹( )	☺( )	☺( )	☹( )
操作过程	法压壶的操作方法	☺( )	☺( )	☹( )	☺( )	☺( )	☹( )	☺( )	☺( )	☹( )
成品欣赏	(1) 单品咖啡色度 (2) 单品咖啡味道	(1) 咖啡色度 浓( )中( )淡( ) (2) 咖啡味道(用强、中、弱表示) 苦( )香( ) 酸( )甘( )			(1) 咖啡色度 浓( )中( )淡( ) (2) 咖啡味道(用强、中、弱表示) 苦( )香( ) 酸( )甘( )			(1) 咖啡色度 浓( )中( )淡( ) (2) 咖啡味道(用强、中、弱表示) 苦( )香( ) 酸( )甘( )		
操作结束工作	(1) 清理吧台台面要求	(1) 吧台台面清理 ☺( ) ☺( ) ☹( )			(1) 吧台台面清理 ☺( ) ☺( ) ☹( )			(1) 吧台台面清理 ☺( ) ☺( ) ☹( )		

(续表)

评价项目	评价内容	个人评价			小组评价			教师评价		
操作结束工作	(2) 器具清洁要求	(2) 器具的清洁度 ☺ ( )	☺ ( )	☹ ( )	(2) 器具的清洁度 ☺ ( )	☺ ( )	☹ ( )	(2) 器具的清洁度 ☺ ( )	☺ ( )	☹ ( )
工作态度	热情认真的工作态度	☺ ( )	☺ ( )	☹ ( )	☺ ( )	☺ ( )	☹ ( )	☺ ( )	☺ ( )	☹ ( )
团队精神	(1) 团队协作能力 (2) 解决问题的能力 (3) 创新能力	☺ ( ) ( ) ( )	☺ ( ) ( ) ( )	☹ ( ) ( ) ( )	☺ ( ) ( ) ( )	☺ ( ) ( ) ( )	☹ ( ) ( ) ( )	☺ ( ) ( ) ( )	☺ ( ) ( ) ( )	☹ ( ) ( ) ( )
综合评价	☺ ( ) ☺ ( ) ☹ ( )									

任务二 虹吸壶冲煮咖啡

工作情境

　　作为一名高级咖啡师，最享受制作咖啡的过程，看着咖啡萃取过程中的点点滴滴，就像欣赏一曲美妙的乐曲，用专业性较强的虹吸壶冲煮咖啡尤为如此。

具体工作任务

- 分辨咖啡豆的品种及认识咖啡树；
- 会用虹吸壶冲煮咖啡。

活动一 分辨咖啡豆的品种及认识咖啡树

信息页 分辨咖啡豆的品种及认识咖啡树

一、咖啡豆的品种

1. 阿拉比卡种

阿拉比卡种(Arabica)咖啡多产于巴西、哥伦比亚、牙买加等中美洲国家、加勒比海的哥斯达黎以及埃塞俄比亚等国。这种咖啡树比较难栽种，一般需要种在海拔较高的斜坡上，在600～1800m处栽培会生长得比较茂盛，且需要生长在全年温度均在38℃左右，拥有充沛的降雨量又没有霜降的热带山区气候。在庄园种植的咖啡树要剪枝到2m以下高度，同时要种植一些遮阳树，例如芭蕉树、椰子树及相思树等。这些树的特点是：比较高，叶子比较大，就像一把大伞一样为咖啡树遮阳抗寒。因为阿拉比卡种比较娇气，它既不耐寒也不耐热，所以它的品质非常好，比如巴西的山度士、苏门答腊的曼特宁、也门的摩卡、牙买加的蓝山等都属于阿拉比卡种的优质咖啡豆。阿拉比卡种咖啡豆的香味特佳，味道均衡，且咖啡因含量较低。

2. 罗布斯塔种

罗布斯塔种(Robusta)咖啡主要产于乌干达、象牙海岸、刚果等国。罗布斯塔种咖啡树耐高温、耐寒、耐湿、耐旱，甚至还耐细菌侵扰。它的适应性极强，在平地就可以长势良好，采收也不一定需要人工，可以用震荡机器进行。罗布斯塔种咖啡豆香气较差，苦味强，酸度又不足，且咖啡因含量是阿拉比卡种的两倍。罗布斯塔种咖啡豆在味道上较有个性，多用于混合调配或即溶咖啡。

3. 阿拉比卡种与罗布斯塔种的特点(如图1-2-1所示)

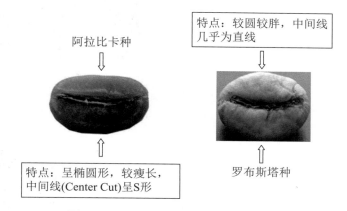

阿拉比卡种

特点：较圆较胖，中间线几乎为直线

罗布斯塔种

特点：呈椭圆形，较瘦长，中间线(Center Cut)呈S形

图1-2-1　阿拉比卡种与罗布斯塔种的特点

二、咖啡树的生长环境及结构

咖啡树(如图1-2-2所示)为茜草科多年生常绿灌木或小乔木，是一种园艺性多年生的经济作物，具有速生、高产、价值高、销路广的特点。野生的咖啡树可以长到5～10m高，但为了增加结果量和便于采收，庄园里种植的咖啡树多被剪到2m以下。咖啡树的叶片是对生，呈长椭圆形，叶面光滑，末端的树枝很长，

图1-2-2　咖啡树

枝杈少，而花是白色的，开在叶柄连接树枝的基部。成熟的咖啡浆果外形像樱桃，呈鲜红色，果肉甜甜的，内含一对种子，也就是咖啡豆(Coffee Beans)。咖啡品种有小粒种、中粒种和大粒种之分，前者含咖啡因成分低，香味浓，后两者咖啡因含量高，但香味差一些。目前世界上销售的咖啡一般是由小粒种和中粒种按不同的比例配制而成的，通常是7成中粒种，主要取其咖啡因；3成小粒种，主要取其香味。每个咖啡品种一般都有几个到十几个变异品种。咖啡比较耐阴耐寒，但不耐光、不耐旱、不耐病。咖啡含有咖啡碱、蛋白质、粗脂肪、粗纤维和蔗糖等多种营养成分。作为饮料，它不仅醇香可口、略苦回甜，而且有兴奋神经、驱除疲劳等作用。在医学上，咖啡碱可用来做麻醉剂、兴奋剂、利尿剂和强心剂，同时它还可以起到帮助消化、促进新陈代谢的作用。咖啡的果肉富含糖分，可以用于制糖和制酒精。咖啡花含有香精油，可用于提取高级香料。

1. 咖啡树的生长环境

咖啡树适合生长在热带与亚热带气候区，由于亚洲、美洲与非洲均有种植，形成了围绕地球的环状地带，故有"咖啡腰带"(如图1-2-3所示)的雅称。这些地区多为砂质土壤，且光照充足、雨量丰沛，适合种植咖啡。一般而言，越是高地的咖啡，生长越慢，风味越佳。咖啡的品质取决于它的品种、土壤性质及气候条件(风雨、温度、阳光)。

图1-2-3　"咖啡腰带"

2. 咖啡树的结构(如表1-2-1所示)

表1-2-1　咖啡树的结构

结构	具体内容	图片
花	咖啡花一般是5瓣，也有6瓣及8瓣，呈白色，有淡淡的茉莉香味。北半球的花期在2—4月，约分成4次开花，绽放的时间很短，而且有齐放的特性，3天后全部凋谢	
叶	咖啡树的叶子呈长椭圆形，叶端较尖，且两叶对生	
果实	咖啡的果实为浆果，有点像樱桃，所以又称作"咖啡樱桃"。刚长成的果实为绿色，然后变黄，成熟时为红色，果实饱满	

任务单　分辨咖啡豆的品种

任务内容	名称/用途/制作方法
分辨咖啡豆的品种	分辨咖啡豆的品种: (　　) (　　) (1) 阿拉比卡种的特点: (2) 罗布斯塔种的特点:
认识咖啡树	说说咖啡树的结构: (1) 花的特点: _____ _____ _____ _____ (2) 叶的特点: _____ _____ _____ _____ (3) 果实的特点: _____ _____ _____ _____

活动二　用虹吸壶冲煮咖啡

信息页　虹吸壶冲煮咖啡

　　1840年,苏格兰工程师纳皮耶发明了虹吸壶,后由法国的瓦瑟夫人取得专利;19世纪50年代,英国与德国开始生产制造。目前以Cona公司所生产的虹吸壶最为有名,所以西方国家习惯将它称作"Cona"或"Vacuum Pot"(真空壶)。

一、虹吸壶的结构(如图1-2-4所示)

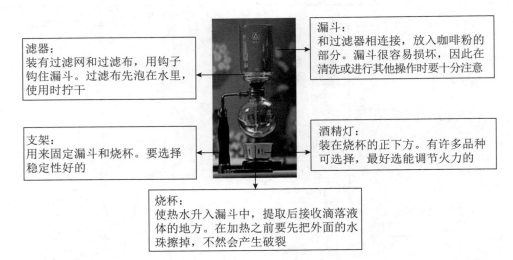

滤器：
装有过滤网和过滤布，用钩子钩住漏斗。过滤布先泡在水里，使用时拧干

漏斗：
和过滤器相连接，放入咖啡粉的部分。漏斗很容易损坏，因此在清洗或进行其他操作时要十分注意

支架：
用来固定漏斗和烧杯。要选择稳定性好的

酒精灯：
装在烧杯的正下方。有许多品种可选择，最好选能调节火力的

烧杯：
使热水升入漏斗中，提取后接收滴落液体的地方。在加热之前要先把外面的水珠擦掉，不然会产生破裂

图1-2-4 虹吸壶的结构

二、蓝山咖啡豆

蓝山咖啡产于牙买加西部的蓝山山脉，并因此得名。蓝山是一座山脉，海拔2256m，咖啡树一般栽种在海拔1000m左右的险峻山坡上。蓝山咖啡的年产量只有700t左右。蓝山咖啡豆(如图1-2-5所示)形状饱满，比一般豆子稍大。酸、香、醇、甘味均匀且强烈，略带苦味，口感均匀，风味极佳，适合做单品咖啡。由于产量少，市场上卖的大多是"特调蓝山"，也就是以蓝山为底再加上其他咖啡豆混合而成的综合咖啡。

小故事　　　　　　　　　　　**蓝山名称的由来**

蓝山山脉(如图1-2-6所示)绵亘于牙买加岛东部，之所以有这样的美名，是因为从前抵达牙买加的英国士兵看到蓝色的光芒笼罩着山峰，便大呼："看啊，蓝色的山！""蓝山"从此而得名。实际上，牙买加岛被加勒比海环绕，每到晴朗的日子，灿烂的阳光照射在海面上，远处的群山就会因为蔚蓝海水的折射而笼罩在一层幽幽淡淡的蓝色氛围中，显得缥缈空灵，颇具几分神秘色彩。

图1-2-5 蓝山咖啡豆　　　　图1-2-6 蓝山山脉

三、虹吸壶冲煮咖啡

1. 准备工作

(1) 器具准备：虹吸壶、电动磨豆机。

(2) 原料准备：蓝山咖啡豆。

(3) 研磨度：中细研磨度。

2. 虹吸壶冲煮咖啡的过程(如表1-2-2所示)

表1-2-2　虹吸壶冲煮咖啡的过程

虹吸壶冲煮咖啡的步骤	图片
向烧杯中注入适量的水，将酒精灯放在烧杯底部正中，然后点燃酒精灯	
将过滤器平放入上瓶中，拉出链条弹簧钩住漏斗，固定过滤器于漏斗中央。如果位置偏了，可用竹匙拨正 提示： 滤布每次使用过后，一定要清洗干净，如果滤布上残留有咖啡粉，会影响以后煮咖啡时的下流速度，造成萃取过度。如果觉得滤布已经无法使用，就需更换新的滤布	
将适量的中细咖啡粉放入虹吸壶的漏斗中 提示： 每一杯虹吸式咖啡粉在咖啡馆里的标准分量是18～22g，配上110ml的水。按照一般的做法，15g的咖啡粉就可以了	
当烧杯中的水开始出现小水泡时，将虹吸壶的漏斗插入烧杯中 提示： 虹吸壶的漏斗插入烧杯时不要等水煮沸再放上壶、放入漏斗，因为沸水容易溅出来烫伤操作人员	

(续表)

虹吸壶冲煮咖啡的步骤	图片
当水面开始上升到一手指高时，由上往下轻点漏斗(使咖啡粉全部浸湿)，当烧杯中的沸水水面上升到漏斗时，开始读秒数 提示： 熄火使咖啡水面下降时，如果从伸入下座中的上座玻璃管吐出来的是大泡泡，那就证明咖啡中的油脂和胶状物充分，因为咖啡不同于水，它含有不被冰水稀释的胶凝状物质，口感是圆润滑口的；泡沫细小甚至浮着一层泡沫的则是油水混合层；如果咖啡强苦、强酸或者辛烈刺激，则说明萃取及火候不足	
烧杯中的水会沿着虹吸壶的中管上升，用竹匙将漏斗中的咖啡粉和水搅拌均匀。搅拌需要10秒，有3种方法可供选用： (1) 正十字法：由外向内下压，左右前后呈正十字形拨动 (2) 搅拌法：沿顺时针方向转动水面，手抓木棒转圆圈 (3) 旋转法：手抓住下座的台架把手，顺时针方向绕小圆圈转动(会产生离心力)，时间、火候同上 提示： 搅拌棒只在水面刚开始上升及熄火时使用，焖煮过程中不要一直搅拌，以免破坏"焖"的过程	
搅拌10秒后，把火调小，维持20～30秒的静止状态，这个过程就是"焖"。漏斗中的咖啡和水会出现分成3层的现象，上层是泡沫，中层是发泡的咖啡粉，下层是未成熟但将会呈现标准咖啡颜色的水	
静止20～30秒以后，把火调大，进行第二次搅拌。搅拌的方法要与第一次相同，搅拌10秒后，马上撤火 提示： 灭酒精灯时，要扣两次盖	
咖啡液快速下降，将其倒入咖啡杯中 提示： 虹吸法又被称作真空过滤法。先使烧瓶内呈真空状态，利用蒸汽压力，通过滤网过滤后即提取出咖啡	

任务单 虹吸壶冲煮咖啡

任务内容	名称/用途/制作方法
虹吸壶的冲煮准备	准备： (1) 器具准备：虹吸壶、电动磨豆机 (2) 材料准备：蓝山咖啡豆 (3) 研磨度：中细研磨 蓝山咖啡豆产于_____，具有_____特点
虹吸壶的冲煮过程	按照操作步骤进行操作： (1) 向烧杯中注入适量的水，将酒精灯放在烧杯底部正中，然后点燃酒精灯。注入热水，使咖啡粉浸湿 (2) 将过滤器平放入上瓶中，拉出链条弹簧钩住漏斗，固定过滤器于漏斗中央。如果位置偏了，可用竹匙拨正 (3) 将适量的中细咖啡粉放入虹吸壶的漏斗中 (4) 当烧杯中的水开始出现小水泡时，将虹吸壶的漏斗插入烧杯中 (5) 当水面开始上升到一手指高时，由上往下轻点漏斗(使咖啡粉全部浸湿)，当烧杯的沸水水面上升到漏斗时，开始读秒数 (6) 烧杯中的水会沿着虹吸壶的中管上升，用竹匙将漏斗中的咖啡粉和水搅拌均匀。搅拌需要10秒，有3种方法可供选用 (7) 搅拌10秒后，把火调小，维持20～30秒的静止状态，这个过程就是"焖"。漏斗中的咖啡和水会出现分成3层的现象，上层是泡沫，中层是发泡的咖啡粉，下层是未成熟但将会呈现标准咖啡颜色的水 (8) 静止20～30秒以后，把火调大，进行第二次搅拌。搅拌的方法要与第一次相同，搅拌10秒后，马上撤火 (9) 咖啡液快速下降，将其倒入咖啡杯中

任务评价

任务二 虹吸壶冲煮咖啡评价表

评价项目	评价内容	个人评价			小组评价			教师评价		
操作前的准备工作	(1) 服务员的个人素质 (2) 准备的器具及材料	☺ ( ) ( )	☺ ( ) ( )	☹ ( ) ( )	☺ ( ) ( )	☺ ( ) ( )	☹ ( ) ( )	☺ ( ) ( )	☺ ( ) ( )	☹ ( ) ( )
操作过程	虹吸壶的操作方法	☺ ( )	☺ ( )	☹ ( )	☺ ( )	☺ ( )	☹ ( )	☺ ( )	☺ ( )	☹ ( )

(续表)

评价项目	评价内容	个人评价	小组评价	教师评价
成品欣赏	(1) 单品咖啡色度 (2) 单品咖啡味道	(1) 咖啡色度 浓( )中( )淡( ) (2) 咖啡味道(用强、中、弱表示) 苦( )香( ) 酸( )甘( )	(1) 咖啡色度 浓( )中( )淡( ) (2) 咖啡味道(用强、中、弱表示) 苦( )香( ) 酸( )甘( )	(1) 咖啡色度 浓( )中( )淡( ) (2) 咖啡味道(用强、中、弱表示) 苦( )香( ) 酸( )甘( )
操作结束工作	(1) 清理吧台台面要求 (2) 器具清洁要求	(1) 吧台台面清理 ☺ ☹ ☹ ( ) ( ) ( ) (2) 器具的清洁度 ☺ ☹ ☹ ( ) ( ) ( )	(1) 吧台台面清理 ☺ ☹ ☹ ( ) ( ) ( ) (2) 器具的清洁度 ☺ ☹ ☹ ( ) ( ) ( )	(1) 吧台台面清理 ☺ ☹ ☹ ( ) ( ) ( ) (2) 器具的清洁度 ☺ ☹ ☹ ( ) ( ) ( )
工作态度	热情认真的工作态度	☺ ☹ ☹ ( ) ( ) ( )	☺ ☹ ☹ ( ) ( ) ( )	☺ ☹ ☹ ( ) ( ) ( )
团队精神	(1) 团队协作能力 (2) 解决问题的能力 (3) 创新能力	☺ ☹ ☹ ( ) ( ) ( ) ( ) ( ) ( ) ( ) ( ) ( )	☺ ☹ ☹ ( ) ( ) ( ) ( ) ( ) ( ) ( ) ( ) ( )	☺ ☹ ☹ ( ) ( ) ( ) ( ) ( ) ( ) ( ) ( ) ( )
综合评价	☺ ☹ ☹ ( ) ( ) ( )			

任务三 滴滤杯冲泡咖啡

工作情境 🔍

作为一名小咖啡屋的店主，既要管理好咖啡屋，同时肩负着咖啡师的责任。你可以用滴滤杯冲泡咖啡，既简单又省时。

具体工作任务

- 了解咖啡豆的加工处理过程；
- 学会用滴滤杯冲泡咖啡。

活动一 咖啡豆的加工处理

信息页 咖啡豆的加工处理

一、咖啡豆的采收

咖啡树的果实从结果到成熟需要经过6～9个月，收获一定是在干燥的季节，果实成熟后10～15天便会掉落。如果错过了采摘季节，那么咖啡果就会变成黑色，成为次品。采收分为机器采收、搓枝法、摇树法和人工采收法4种，如表1-3-1所示。

表1-3-1 咖啡豆的采收方法

采收方法	具体内容	图片
机器采收	利用自动化的机器采收咖啡果实，会采收到树枝与树叶等杂物，而且成熟与未成熟的果实会一并采收。因此，不会有好的品质	
搓枝法	采收人员在腰间佩挎一个篮子，将树枝拉直，用手指沿着树枝由下往上搓，使得整根树枝上的果实全部掉落在篮子里。同时，成熟与未成熟的果实也会一并采收，对品质也有负面影响	
摇树法	采收人员用力摇动树干，使果实掉落在地面，然后捡起来放在篮子里。这种方法不一定能保证采收到刚好成熟的果实，通常也会将过熟且已干枯的果实一起采收	
人工采收法	由于所有的果实不会一次成熟，所以树枝上通常会同时有红色与青色的果实。人工采收时，只摘取艳红成熟的果实，一粒一粒地放到篮子里，而不会将成熟与未成熟的果实一起摘下。精选咖啡就是使用人工采收法，分3～6次摘取红色且饱满的果实	

二、生咖啡豆的处理

1. 水洗法

水洗法(如图1-3-1所示)是所有处理方法中科技含量最高的一种方法。首先要将豆子放入水槽内，然后去掉浮起的豆子，将沉入槽底的豆子放入果肉剔除机内。果肉剔除机不但可以剔除掉果肉，更重要的是它能够巧妙地利用压力将未成熟的豆子彻底过滤掉。然后将豆子放入发酵槽内进行最重要的水洗发酵处理。水洗发酵的目的是去掉豆子上的果胶，需要16～32个小时的发酵时间。在发酵过程中还会产生许多酸性物质，适量的醋酸不仅可以让咖啡豆不易发霉，还会增加咖啡的风味。但是发酵过度的豆子也会被染上酸涩味，从而变成劣质的咖啡。水洗法的咖啡豆含水量一般在16%左右，豆子的品相较好，而且相对的杂味较少，口感清澈，果酸味明显。

2. 日晒法

日晒法(如图1-3-2所示)是一种传统的咖啡豆初加工方法，目前埃塞俄比亚和也门这样古老的咖啡豆种植国依然大部分采用日晒法处理生豆。首先，将水槽鉴别出的沉豆，即成熟的及半成熟的豆子铺在晒豆场进行自然干燥。具体时间要根据气候条件而定，一般需要2～4周。当咖啡豆的水分降低到12%时，用去壳机打磨掉干硬的果肉和果皮就大功告成了。生豆日晒时颜色偏黄，烘焙后会呈棕色，而不是水洗豆的白色。相对而言，日晒豆拥有更好的甘味和醇厚度，同时酸味也会较少，但是品质较不稳定，会有较大起伏。

图1-3-1　水洗法　　　　　　　　图1-3-2　日晒法

?↗ 任务单　了解咖啡豆的加工

任务内容	名称/用途/制作方法
咖啡豆的采收	咖啡豆的4种采收方法： (1) (2) (3) (4)
生咖啡豆的处理	简述生咖啡豆的2种处理方法： 水洗法：_____ _____ 日晒法：_____ _____ _____

·20·

活动二▶ 用滴滤杯冲泡咖啡

信息页▶ 滴滤杯冲泡咖啡

一、准备工作

1. 器具准备

(1) 器具结构：滴滤杯、滤纸、磨豆机(电动或手动)、宫廷细嘴壶、咖啡壶等，如图1-3-3所示。

图1-3-3 器具准备

(2) 滤纸使用方法(如图1-3-4所示)。

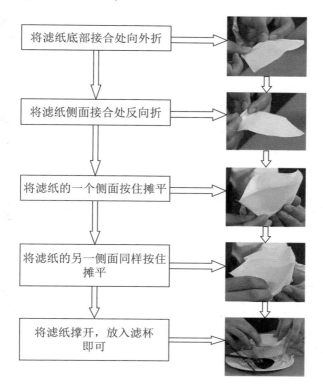

图1-3-4 滤纸使用方法

2. 原料准备：巴西咖啡豆

3. 研磨度：中研磨度

知识链接

巴西咖啡豆

所有生长在巴西的咖啡豆，除了三多司之外，大多可谓"物美价廉"。可用于大量生产的综合咖啡豆，大多为重焙火。速溶咖啡的主要原料也是巴西咖啡豆(如图1-3-5所示)。这种咖啡豆在其胚芽甚新鲜时，以人工精制，让其自然在阴室中干燥60～70天，使果肉之糖分充分渗入豆内而得名。其特点是：咖啡豆粒大，香味浓，有适度的苦味，亦有高质感的酸味，总体口感柔和、酸度低，仔细品尝回味无穷。巴西咖啡的口感中带有较低的酸味，配合咖啡的甘苦味，入口极为滑顺，而且又带有淡淡的青草芳香，在清香中略带苦味，甘滑顺口，余味令人舒活畅快。巴西咖啡并没有特别出众的优点，但是也没有明显的缺点，它的口味温和而滑润，酸度低、醇度适中。

图1-3-5　巴西咖啡豆

二、滴滤杯冲泡咖啡的过程(如表1-3-2所示)

表1-3-2　滴滤杯冲泡咖啡的过程

滴滤杯冲泡咖啡的步骤	图片
将滤纸折好，装入漏斗中	
用咖啡匙取两匙咖啡粉，12～15g，均匀地撒在滤纸上	
将咖啡粉铺平，并在中心处挖一个小洞	
向咖啡粉中心注入数滴热水，然后以绕圈的方式继续注入热水 提示： 第一次注热水时，把咖啡粉浸泡湿润即可	

(续表)

滴滤杯冲泡咖啡的步骤	图片
第二次注水时，继续以相同的水量注入热水 提示： 水粉比大约为1:16	
等待咖啡完全滴完	
移开漏斗，冲煮完毕	

🔖 任务单　滴滤杯冲泡咖啡

任务内容	名称/用途/制作方法
滴滤杯的冲泡准备	准备： (1) 器具准备：滴滤杯、滤纸、磨豆机(电动或手动)、宫廷细嘴壶、咖啡壶等 (2) 材料准备：巴西咖啡豆 (3) 研磨度：中研磨度 巴西咖啡豆产于_____，具有_____特点
滴滤杯的冲泡过程	按照操作步骤进行操作： (1) 将滤纸折好，装入漏斗中 (2) 用咖啡匙取两匙咖啡粉，12～15g，均匀地撒在滤纸上 (3) 将咖啡粉铺平，并在中心处挖一个小洞 (4) 向咖啡粉中心注入数滴热水，然后以绕圈的方式继续注入热水 (5) 第二次注水时,继续以相同的水量注入热水 (6) 等待咖啡完全滴完 (7) 移开漏斗，冲泡完毕

任务评价 📝

任务三 滴滤杯冲泡咖啡评价表

评价项目	评价内容	个人评价			小组评价			教师评价		
操作前的准备工作	(1) 服务员的个人素质 (2) 准备的器具及材料	☺ ( )	😐 ( )	☹ ( )	☺ ( )	😐 ( )	☹ ( )	☺ ( )	😐 ( )	☹ ( )
操作过程	滴滤杯的操作方法	☺ ( )	😐 ( )	☹ ( )	☺ ( )	😐 ( )	☹ ( )	☺ ( )	😐 ( )	☹ ( )
成品欣赏	(1) 单品咖啡色度 (2) 单品咖啡味道	(1) 咖啡色度 浓( )中( )淡( ) (2) 咖啡味道(用强、中、弱表示) 苦( )香( ) 酸( )甘( )			(1) 咖啡色度 浓( )中( )淡( ) (2) 咖啡味道(用强、中、弱表示) 苦( )香( ) 酸( )甘( )			(1) 咖啡色度 浓( )中( )淡( ) (2) 咖啡味道(用强、中、弱表示) 苦( )香( ) 酸( )甘( )		
操作结束工作	(1) 清理吧台台面要求 (2) 器具清洁要求	(1) 吧台台面清理 ☺( ) 😐( ) ☹( ) (2) 器具的清洁度 ☺( ) 😐( ) ☹( )			(1) 吧台台面清理 ☺( ) 😐( ) ☹( ) (2) 器具的清洁度 ☺( ) 😐( ) ☹( )			(1) 吧台台面清理 ☺( ) 😐( ) ☹( ) (2) 器具的清洁度 ☺( ) 😐( ) ☹( )		
工作态度	热情认真的工作态度	☺ ( )	😐 ( )	☹ ( )	☺ ( )	😐 ( )	☹ ( )	☺ ( )	😐 ( )	☹ ( )
团队精神	(1) 团队协作能力 (2) 解决问题的能力 (3) 创新能力	☺ ( ) ( ) ( )	😐 ( ) ( ) ( )	☹ ( ) ( ) ( )	☺ ( ) ( ) ( )	😐 ( ) ( ) ( )	☹ ( ) ( ) ( )	☺ ( ) ( ) ( )	😐 ( ) ( ) ( )	☹ ( ) ( ) ( )
综合评价	☺ ( ) 😐 ( ) ☹ ( )									

摩卡壶冲煮咖啡

任务四

工作情境

　　要想手工做出纯正的Espersso浓缩咖啡，最好的方法就是用摩卡壶冲煮咖啡，以高温蒸汽萃取咖啡中的精华。烧煮时咖啡浓香四溢，品鉴时口味浓厚。

具体工作任务

- 学会咖啡豆的保存方法；
- 学会用摩卡壶冲煮咖啡。

活动一　学会咖啡豆的保存

信息页　咖啡豆的保存

　　如何保存不再是原始风貌的咖啡豆或已研磨成粉的咖啡粉是一门非常重要的学问。所有咖啡豆的风味在经过烘焙后都会慢慢减弱，尤其在咖啡豆拆封后，香味会以你意想不到的速度逐渐消逝。所以，如果想喝到一杯最新鲜又最美味的咖啡，如何留住那香醇是绝对要学的。

一、咖啡豆的保存方法

　　(1) 将咖啡豆放在密封的罐子中，最好选用不锈钢材质的密封罐。不能选用塑料材质的或是铝制的罐子，因为这两种材质的密封罐比较容易吸收异味。

　　(2) 如果是打算在两周内就要品尝的咖啡豆，把它放在密封罐中并放置在阴暗处就可以了。如果需要长期保存咖啡豆，就需要将咖啡豆放进冰箱冷藏，但要在没有开封或密封非常好的情况下。

　　(3) 咖啡豆最大的敌人就是空气，研磨过的咖啡豆因为与空气接触的面积较大，比较容易氧化、受潮使其风味锐减，所以，整颗的咖啡豆比研磨过的咖啡粉能存放得更久。因此，等到你真正想要泡咖啡的时候再来研磨咖啡豆才是最正确的方式，这样咖啡豆就能保持在最佳的新鲜状态了。

二、适合储存咖啡豆的地方

咖啡豆应该储存在干燥、阴凉的地方，可能的话，尽量不要放在冰箱里，以免吸收湿气。咖啡豆可以冷冻，唯一需要注意的是，从冷冻柜中拿出咖啡豆时，需要避免冰冻的部分化开而使袋中的咖啡豆受潮。美国人认为，咖啡豆放在冰柜里比较好，不过通常时间都不会超过一个月。他们会从冷冻室取出适量的咖啡豆，趁尚未解冻便开始研磨，煮来饮用。

三、咖啡豆的购买

1. 咖啡豆的新鲜度

新鲜度是决定咖啡豆质量的最重要因素。判定咖啡豆的新鲜度有3个步骤：闻、看、剥。

(1) 闻

将咖啡豆靠近鼻子，深深地闻一下，如果可以清楚地闻到咖啡豆的香气，代表咖啡豆够新鲜。相反，若是香气微弱，或是已经开始出现油腻味(类似花生或其他坚果放久会出现的味道)的话，就表示这咖啡豆已经不新鲜了。

(2) 看

将咖啡豆倒在手上摊开来看，判断咖啡豆的产地及品种，以及咖啡豆烘焙得是否均匀。

(3) 剥

取一颗咖啡豆，试着用手剥开，如果咖啡豆够新鲜，就可以很轻易地剥开，而且会有脆脆的声音和感觉。如果咖啡豆不够新鲜，将会很费力才能剥开一颗豆子。

把咖啡豆剥开后还要观察另一件重要的事情，就是看烘焙的火力是不是均匀。如果均匀，豆子的外皮和里层的颜色应该是一样的。如果表层的颜色明显比里层的颜色深很多，这就表明烘焙时的火力可能太大了，这对咖啡豆的香气和风味也会有影响。

2. 购买咖啡豆的注意事项

选购咖啡豆时，首先应选择在生意兴隆的咖啡店购买。如果想喝些略带酸味的，苦味强烈的较佳，或者直接告诉店员自己的喜好。

购买后委托店长研磨时，务必将所使用的冲泡咖啡器具等告知店长，以配合那些器具研磨(例如电动式咖啡器、过滤器、纸、虹吸壶等)。

在超市购买罐装咖啡粉时，可按照标示(豆的种类或味道等)随自己的喜好选择。

任务单 试试咖啡豆的保存

任务内容	名称/用途/制作方法
咖啡豆的保存	(1) 咖啡豆的保存方法： (2) 适合储存咖啡豆的地方：
咖啡豆的新鲜度	如何判定咖啡豆的新鲜度，有3个步骤： (1) (2) (3) 

活动二 用摩卡壶冲煮咖啡

信息页 摩卡壶冲煮咖啡

一、摩卡壶的发明

意大利摩卡壶(Moka Pot)是于1933年问世的，它的结构从无改变，但外观造型和使用材质却不断地在变化。最早的摩卡壶是铝制的，但铝容易与咖啡中的酸发生反应，产生不好的味道，后来逐渐改用不锈钢甚至耐热玻璃来制作。近年来，摩卡壶的造型设计也愈来愈多样。

二、摩卡壶的结构(如图1-4-1所示)

(1) 摩卡壶有上下两部分，用旋转的方式可以把上下结合为一体。

(2) 壶的下部是一个盛装水的腔室，腔室靠上端壁上有一个安全气孔，腔室上方是一个布满小孔的盛装咖啡粉的滤器(滤网)。

(3) 壶的上部则是一个有把手的盛装烹煮好的咖啡的有盖容器，容器下方是被橡皮垫环绕一圈的过滤网孔，中心位置是一根中空的金属管以使咖啡喷渗出来。

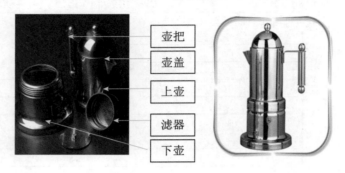

壶把

壶盖

上壶

滤器

下壶

图1-4-1　摩卡壶的结构

三、摩卡壶冲煮咖啡的准备工作

(1) 器具准备：摩卡壶，摩卡电磁炉(如图1-4-2所示)或酒精炉(如图1-4-3所示)，电动磨豆机。

图1-4-2　摩卡电磁炉

图1-4-3　酒精炉

(2) 原料准备：哥伦比亚咖啡豆。

(3) 研磨度：细研磨度。

四、哥伦比亚咖啡豆

哥伦比亚是世界上第二大咖啡生产国，生产量是世界总产量的12%，仅次于巴西。哥伦比亚咖啡树均栽种在高地，耕作面积不大，便于照料及采收。采收后的咖啡豆，以水洗式(湿法)精制处理。哥伦比亚咖啡豆品质整齐，堪称咖啡豆中的标准豆。哥伦比亚咖啡豆豆形偏大，带淡绿色，具有特殊的厚重味，以丰富独特的香气广受青睐，口感则为酸中带甘、低度苦味，随着烘焙程度的不同能引出多层次风味。中度烘焙可以把豆子的甜味发挥得淋漓尽致，并带有香醇的酸度和苦味；深度烘焙则会使苦味增强，但甜味

仍不会消减太多。一般来说，中度偏深的烘焙会让口感比较有个性，不但可以作为单品饮用，做混合咖啡也很适合。

五、摩卡壶冲煮咖啡的过程(如表1-4-1所示)

表1-4-1　摩卡壶冲煮咖啡的过程

摩卡壶冲煮步骤	图片
准备过滤好的软水，以每杯30ml计算，量出所需水量，将水倒入咖啡壶的下壶 提示： 水不能超过水孔的水平面高度，否则加热后热水会带着水蒸气喷出，造成不必要的危险	
将咖啡粉滤器(滤网)放入下壶中，倒入咖啡粉 提示： 咖啡粉的分量可以随个人喜好的不同而酌量加减。因为每个摩卡壶的容量及咖啡粉滤器的大小均不同。如果喜欢浓一点的，可以在填粉时用减压板轻压后，填满已压平的空间，然后再轻压一次	
取一张滤纸沾湿，平铺于咖啡下壶壶口表面	
将上壶置于下壶上方，小心锁紧，放在加热器上，开始加热 提示： 加热摩卡壶时，最好使用电磁炉或燃气炉等。加热速度要够快才能产生足够的蒸汽来冲过咖啡，萃取出意大利式的咖啡	
在加热过程中，会听到快速的"嘶嘶"声，这是蒸汽带着咖啡冲到上壶的声音，一旦转为"啵啵"声，就可能表示下壶的水已经全部变成咖啡了 提示： 你可以凭经验听，也可以直接打开上盖看，如看见蒸汽孔已经停止冒蒸汽，就表示萃取过程已经完成	
将煮好的咖啡倒入杯中即可 提示： 摩卡壶的原理是以高温蒸汽萃取咖啡	

?? 任务单 用摩卡壶冲煮咖啡

任务内容	名称/用途/制作方法
摩卡壶的冲煮准备	准备： (1) 器具准备：摩卡壶，摩卡电磁炉或酒精炉，电动磨豆机 (2) 材料准备：哥伦比亚咖啡豆 (3) 研磨度：细研磨度 哥伦比亚咖啡豆产于_____，具有_____特点
摩卡壶的冲煮过程	按照操作步骤进行操作： (1) 准备过滤好的软水，以每杯30ml计算，量出所需水量，将水倒入咖啡壶的下壶 (2) 将咖啡粉滤器(滤网)放入下壶中，倒入咖啡粉 (3) 取一张滤纸沾湿，平铺于咖啡下壶壶口表面 (4) 将上壶置于下壶上方，小心锁紧，放在加热器上，开始加热 (5) 在加热过程中，会听到快速的"嘶嘶"声，这是蒸汽带着咖啡冲到上壶的声音，一旦转为"啵啵"声，就可能表示下壶的水已经全部变成咖啡了 (6) 将煮好的咖啡倒入杯中即可

任务评价

任务四 摩卡壶冲煮咖啡评价表

评价项目	评价内容	个人评价			小组评价			教师评价		
操作前的准备工作	(1) 服务员的个人素质 (2) 准备的器具及材料	☺ ( )	☺ ( )	☹ ( )	☺ ( )	☺ ( )	☹ ( )	☺ ( )	☺ ( )	☹ ( )
		( )	( )	( )	( )	( )	( )	( )	( )	( )
操作过程	摩卡壶的操作方法	☺ ( )	☺ ( )	☹ ( )	☺ ( )	☺ ( )	☹ ( )	☺ ( )	☺ ( )	☹ ( )
成品欣赏	(1) 单品咖啡色度 (2) 单品咖啡味道	(1) 咖啡色度 浓( )中( )淡( ) (2) 咖啡味道(用强、中、弱表示) 苦( )香( ) 酸( )甘( )			(1) 咖啡色度 浓( )中( )淡( ) (2) 咖啡味道(用强、中、弱表示) 苦( )香( ) 酸( )甘( )			(1) 咖啡色度 浓( )中( )淡( ) (2) 咖啡味道(用强、中、弱表示) 苦( )香( ) 酸( )甘( )		
操作结束工作	(1) 清理吧台台面要求	(1) 吧台台面清理 ☺( ) ☺( ) ☹( )			(1) 吧台台面清理 ☺( ) ☺( ) ☹( )			(1) 吧台台面清理 ☺( ) ☺( ) ☹( )		

(续表)

评价项目	评价内容	个人评价			小组评价			教师评价		
操作结束工作	(2) 器具清洁要求	(2) 器具的清洁度			(2) 器具的清洁度			(2) 器具的清洁度		
		☺ ( )	😐 ( )	☹ ( )	☺ ( )	😐 ( )	☹ ( )	☺ ( )	😐 ( )	☹ ( )
工作态度	热情认真的工作态度	☺ ( )	😐 ( )	☹ ( )	☺ ( )	😐 ( )	☹ ( )	☺ ( )	😐 ( )	☹ ( )
团队精神	(1) 团队协作能力 (2) 解决问题的能力 (3) 创新能力	☺ ( ) ( ) ( )	😐 ( ) ( ) ( )	☹ ( ) ( ) ( )	☺ ( ) ( ) ( )	😐 ( ) ( ) ( )	☹ ( ) ( ) ( )	☺ ( ) ( ) ( )	😐 ( ) ( ) ( )	☹ ( ) ( ) ( )
综合评价	☺ ( )　😐 ( )　☹ ( )									

任务五　土耳其壶冲煮咖啡

工作情境 🔍

咖啡冲泡的方法依据萃取咖啡液的方式，分为过滤式和浸滤式两大类。目前，最为古老的制作浸滤式咖啡的方法是土耳其壶冲煮咖啡。

具体工作任务

- 咖啡豆的研磨；
- 土耳其壶冲煮咖啡。

活动一　研磨咖啡豆

信息页　咖啡豆的研磨

一、咖啡豆的研磨度

咖啡豆研磨程度不同，尝到的味道也不同。细研味苦，粗研味酸。咖啡豆因研磨颗粒的大小不同，冲泡出来的口味也各有差异。研磨得越细，苦味就越浓；反之，研磨得越粗，酸味就越重。另外，因颗粒粗细不同，所需的提取时间也会不一样，不同的咖啡豆有各自适宜的冲泡时间。

研磨度的区分及应用如下。

(1) 极细研磨(如图1-5-1所示)：粗细程度与市售的细白砂糖大致相当。研磨此级颗粒需要专用的研磨器具。因苦味很浓，最适合做蒸馏咖啡。

意式半自动咖啡机　　土耳其壶

图1-5-1　极细研磨

(2) 细研磨(如图1-5-2所示)：粗细程度比通常市售的咖啡粉略细一点，最适合冲泡荷兰式咖啡。如要加强苦味，采用滴滤式冲泡也可。

摩卡壶　　冰滴式咖啡壶

图1-5-2　细研磨

(3) 中细研磨(如图1-5-3所示)：粗细程度与颗粒砂糖相当，是市售咖啡最常见的颗粒度。以此颗粒度为标准，其他颗粒度的粗细就容易掌握了。

滴滤器　　咖啡机

图1-5-3　中细研磨

(4) 中度研磨(如图1-5-4所示)：粗细程度介于颗粒砂糖与粗粒砂糖之间，最适合浸于开水中的虹吸壶式冲泡。

虹吸壶　　咖啡机

图1-5-4　中度研磨

(5) 粗研磨(如图1-5-5所示)：颗粒程度相当于市售的粗粒砂糖，苦味轻、酸味重，最适合直接用开水煮的冲泡方法。

滤压壶　　法兰绒滴滤壶

图1-5-5　粗研磨

二、咖啡豆研磨工具介绍

1. 手动式磨豆机(研磨机)的结构、原理与操作

(1) 结构与原理：采用立体的锥形锯齿刀(Conical Burrs)。锥形的磨豆刀由两块圆锥铁(一公一母)组成，锥铁的表面布满锯齿，在这两块锥铁贴合之间的空隙，就是将咖啡豆研磨成粉的地方，如图1-5-6所示。

(2) 操作(如图1-5-7所示)。

图1-5-6　手动式磨豆机的结构与原理

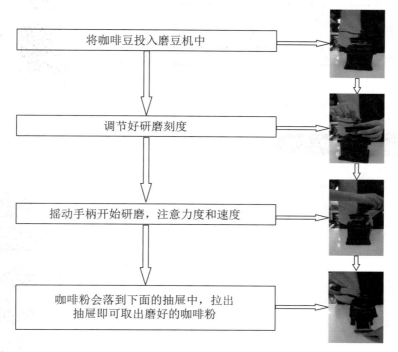

将咖啡豆投入磨豆机中

↓

调节好研磨刻度

↓

摇动手柄开始研磨，注意力度和速度

↓

咖啡粉会落到下面的抽屉中，拉出抽屉即可取出磨好的咖啡粉

图1-5-7　手动式磨豆机的操作

2. 电动式磨豆机(研磨机)的结构、原理与操作

(1) 结构与原理：采用平面式的锯齿刀(Flat Burrs)。平面式的锯齿刀由两片环状的刀片所组成，圆周上布满锋利的锯齿。启动后，咖啡豆被带进刀片之间，瞬间被切割与碾压成细小的微粒，如图1-5-8所示。电动式磨豆机可以在短时间内研磨出大量的咖啡粉，如果要一次冲调多杯咖啡，可以用电动式磨豆机。

图1-5-8　电动式磨豆机的结构与原理

(2) 操作(如图1-5-9所示)。

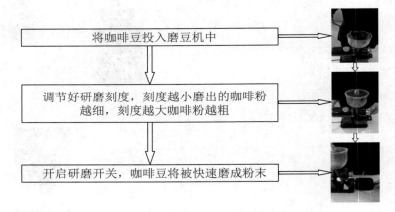

图1-5-9　电动式磨豆机的操作

🔖 任务单　咖啡豆的研磨

任务内容	名称/用途/制作方法
研磨度的区分	连连看： 极细研磨 细研磨 中细研磨 中度研磨 粗研磨

(续表)

任务内容	名称/用途/制作方法
咖啡豆研磨工具的使用 (实操练习)	试试看： 练习1： (1) 请先调好顺序，再进行手动研磨实操 (2) 要求磨出中细研磨 （　）　（　）　（　）　（　） 练习2： (1) 请先调好顺序，再进行电动研磨实操 (2) 要求磨出中度研磨 （　）　（　）　（　）

活动二 用土耳其壶冲煮咖啡

信息页 古老的土耳其咖啡

一、土耳其咖啡的起源

土耳其咖啡，又称阿拉伯咖啡，诞生至今已有七八百年的历史，是用土耳其特有的磨制和煮制方法做成的咖啡。土耳其咖啡独特的味道、泡沫、香气和招待方式，形成了自己的特色和传统，是全世界唯一一种不滤咖啡渣的咖啡。

咖啡在14世纪初由埃塞尔比亚开始向全世界传播，16世纪初传入土耳其。最初，阿拉伯半岛上的人是直接拿咖啡豆煮水喝的。土耳其人发明了用特制咖啡壶煮咖啡的新方法，大大激发了咖啡浓醇的香味，饮用咖啡开始在当时的土耳其奥斯曼帝国流行。由于土耳其横跨欧亚的地理位置，途经伊斯坦布尔的各国商人、游客很快就将这种美味的土耳其咖啡传到了欧洲。欧洲人在很长一段时间里，都采用土耳其人的方式来煮咖啡。土耳其咖啡也是欧洲咖啡的始祖。2013年12月5日，土耳其咖啡及其传统文化被列入联合国教科文组织人类非物质文化遗产名录。

二、制作土耳其咖啡前的准备工作

1. 原料准备

(1) 咖啡豆：制作土耳其咖啡，一般选用深度烘焙单品咖啡豆，研磨成极细的咖啡粉，像面粉粗细，手捏有"绵软"感。土耳其咖啡粉(如图1-5-10所示)所要求的研磨细度是各种咖啡冲泡法之最。

(2) 糖：土耳其咖啡在制作过程中，要加入糖与咖啡粉和水一同冲煮，当地人多选用加入方糖(如图1-5-11所示)对咖啡进行调味，也可加入砂糖冲煮调味。

图1-5-10　土耳其咖啡极细粉研磨　　　　　图1-5-11　土耳其方糖

(3) 水：冲煮土耳其咖啡用水要新鲜、洁净无异味，酸碱度适中(pH值7～8)。

2. 器具准备

(1) 土耳其咖啡壶：壶的材质是铜质，当地人称为Cezve或Ibrik，上窄下宽的壶身设计是为了过滤咖啡渣；壶身有长长的手柄，使用起来方便，不易烫手；小小的尖嘴，方便倒出咖啡，如图1-5-12所示。

(2) 土耳其咖啡杯：瓷质咖啡杯，多配手工雕刻复杂花纹的金属质地杯托及杯盖，如图1-5-13所示。

土耳其壶身
土耳其壶手柄

图1-5-12　土耳其咖啡壶　　　　　　　图1-5-13　土耳其咖啡杯

(3) 搅拌棒：材质有金属和木质，烹煮过程中，搅拌水、糖和咖啡粉，加速溶解，如图1-5-14所示。

(4) 土耳其咖啡磨豆机：传统土耳其咖啡磨豆机多黄铜材质，手工研磨。冲煮土耳其咖啡的咖啡豆必须研磨成极细粉状，多数磨豆机无法做到，需要特别的土耳其手摇磨豆机，如图1-5-15所示。

图1-5-14　土耳其咖啡搅拌棒

图1-5-15　土耳其咖啡磨豆机

(5) 加热用酒精灯及电陶炉：土耳其咖啡历史悠久，从制作工艺上看，既复杂又保留着传统的奥斯曼帝国时期的文化，是世界上唯一可以用明火煮制的咖啡。从安全环保的角度看，冲煮土耳其咖啡加热时，使用电陶炉比较适宜，如图1-5-16所示。

(6) 电子秤：用来称量咖啡豆和研磨好的咖啡粉，如图1-5-17所示。

图1-5-16　电陶炉

图1-5-17　电子秤

三、用土耳其壶冲煮咖啡的过程(如表1-5-1所示)

表1-5-1　用土耳其壶冲煮咖啡的过程

土耳其壶冲煮咖啡的步骤	图片
深度烘焙咖啡豆，研磨成极细的粉状	
在土耳其咖啡壶中放入100ml冷水，随后加入约10g咖啡粉和适量的糖(随个人习惯)	

(续表)

土耳其壶冲煮咖啡的步骤	图片
点燃或开启电陶炉，放上土耳其咖啡壶加热	
加热时不断搅拌，动作要轻柔缓慢，以免萃取过度	
咖啡表面出现一层泡沫并迅速涌上，将壶离火，待泡沫落下后再放回火上，反复3次	
熄火，待咖啡渣沉淀到底部，再将上层澄清的咖啡液倒出	

小贴士

土耳其咖啡的口味

土耳其咖啡的口味，主要分为苦(Skaito)(不放糖)、微甜(Metrio)(放一点点糖)以及甜(Gligi)(放很多糖)3种，不加奶和植脂末。

任务单　试用土耳其壶进行冲煮

任务内容	名称/用途/制作方法
土耳其壶的冲煮准备	请你准备： (1) 器具准备：土耳其壶、土耳其咖啡磨豆机、土耳其咖啡杯、搅拌棒、加热炉、电子秤 (2) 材料准备：深度烘焙单品咖啡豆、方糖 (3) 研磨度：极细研磨 土耳其咖啡要求研磨度为_____，呈现_____特点

(续表)

任务内容	名称/用途/制作方法
用土耳其壶冲煮的过程	按照操作步骤进行操作： (1) 深度烘焙咖啡豆，研磨成极细的粉状 (2) 在土耳其咖啡壶中放入100ml冷水，随后加入约10g咖啡粉和适量的糖 (3) 点燃或开启电陶炉，放上土耳其咖啡壶加热 (4) 加热时不断搅拌，动作要轻柔缓慢，以免萃取过度 (5) 咖啡表面出现一层泡沫并迅速涌上，将壶离火，待泡沫落下后再放回火上，反复3次 (6) 熄火，待咖啡渣沉淀到底部，再将上层澄清的咖啡液倒出

任务评价

任务五　土耳其咖啡壶冲煮咖啡评价表

评价项目	评价内容	个人评价			小组评价			教师评价		
操作前的准备工作	(1) 服务员的个人素质 (2) 准备的器具及材料	☺( )	☺( )	☹( )	☺( )	☺( )	☹( )	☺( )	☺( )	☹( )
操作过程	土耳其咖啡的冲煮操作方法	☺( )	☺( )	☹( )	☺( )	☺( )	☹( )	☺( )	☺( )	☹( )
成品欣赏	(1) 单品咖啡色度 (2) 单品咖啡味道	(1) 咖啡色度 浓( )中( )淡( ) (2) 咖啡味道(用强、中、弱表示) 苦( )香( ) 酸( )甘( )			(1) 咖啡色度 浓( )中( )淡( ) (2) 咖啡味道(用强、中、弱表示) 苦( )香( ) 酸( )甘( )			(1) 咖啡色度 浓( )中( )淡( ) (2) 咖啡味道(用强、中、弱表示) 苦( )香( ) 酸( )甘( )		
操作结束工作	(1) 清理吧台台面要求 (2) 器具清洁要求	(1) 吧台台面清理 ☺☺☹( )( )( ) (2) 器具的清洁度 ☺☺☹( )( )( )			(1) 吧台台面清理 ☺☺☹( )( )( ) (2) 器具的清洁度 ☺☺☹( )( )( )			(1) 吧台台面清理 ☺☺☹( )( )( ) (2) 器具的清洁度 ☺☺☹( )( )( )		

(续表)

评价项目	评价内容	个人评价			小组评价			教师评价		
工作态度	热情认真的工作态度	☺ ( )	☺ ( )	☹ ( )	☺ ( )	☺ ( )	☹ ( )	☺ ( )	☺ ( )	☹ ( )
团队精神	(1) 团队协作能力 (2) 解决问题的能力 (3) 创新能力	☺ ( ) ( ) ( )	☺ ( )	☹ ( )	☺ ( )	☺ ( )	☹ ( )	☺ ( )	☺ ( )	☹ ( )
综合评价	☺ ( ) ☺ ( ) ☹ ( )									

任务六
爱乐压咖啡机冲泡咖啡

工作情境

在没有半自动意式咖啡机的时候，若想追求咖啡萃取味道的均衡，咖啡师可以使用爱乐压咖啡机为客人快速制作一份咖啡因少、苦味略淡、偏意式风味的咖啡。

具体工作任务

- 了解冲泡咖啡用水的水质；
- 用爱乐压咖啡机冲泡咖啡。

活动一 了解冲泡咖啡用水的水质

信息页 咖啡冲泡用水的水质

一、水的化学性质

一杯咖啡里有98%～99%的成分是水，因此，冲泡咖啡的水质对咖啡风味有着极大影响。那么，到底什么样的水才适合冲泡咖啡呢？

水(H_2O)是最常见的物质之一，在常温常压下为无色无味的透明液体。在自然界，纯水极为罕见。我们生活中提到的水，通常是含有杂质的。

溶解在一定体积的水中的直径小于2微米的所有物质的总量是溶解性固体总量，简称TDS，单位为ppm或mg/L。我们以1L(公升)水为基准，水的pH值为7，水中含有碱性物质钠、钙，还有镁、钾、氯、碳酸等，水中固体溶解量(TDS)为100～200ppm。一般来说，TDS值越大，说明水中的可溶性杂质含量越大，反之，则可溶性杂质含量越小。低于100ppm的水质太软，可溶性杂质太少，容易萃取过度，但高于250ppm，表示可溶性杂质太多，不但影响口感也容易萃取不足。综上所述，TDS介于125～175ppm的水最适宜冲泡咖啡。

若所在地区的水中矿物质(溶解的钙镁离子)含量多，水质会偏硬，此时咖啡里的物质无法充分萃取出来，风味会变淡，冲泡咖啡时应需要较多的咖啡豆、较细的咖啡粉来调节平衡；反之，若水中矿物质含量少或被滤除，水质会偏软，咖啡里的物质会萃取过度，使味道过苦或过酸，冲泡咖啡时则需要较少的咖啡豆、较粗的咖啡粉来调节平衡。

我们用来冲泡萃取咖啡的水需要是新鲜、无异味、酸碱度适中、无污染的。

冲泡咖啡用水的pH值为7.0，表示中性，酸碱度适中；pH值小于7.0，表示酸性，适于制作口感偏酸的咖啡液萃取；pH值大于7.0，表示碱性，制作的咖啡口感略显浓厚。

新鲜，意味着水中富含氧气，充满活力。放置时间过长的陈水不能用来冲泡咖啡。温水(热水)因其含氧量较低，也不是萃取时的首选，如果能够从冷水开始加热就最好不要使用热水。

冲泡咖啡用水要无污染，水质要纯，但也需要注意使用反渗透纯水设备过滤后的水以及蒸馏水，因为过于纯净，萃取出的咖啡液口感强劲浓烈、单薄死板、丰富感与层次感欠佳，综合风味并不好，并不建议使用。

二、冲泡咖啡用水的种类

(1) 矿泉水：矿物质离子含量过高，容易萃取不足，导致咖啡味道口感偏干、味淡，不适宜冲泡咖啡使用。

(2) 蒸馏水：矿物质离子含量过少，容易萃取过度，导致咖啡口感过酸或过苦，不建议冲泡咖啡使用。

(3) 净化水：净水滤芯过滤掉水中的杂质、异味，适宜冲泡咖啡。

(4) 自来水：受所在地区水质影响较大，化学性质不太稳定，建议净化后再用于冲泡咖啡。

(5) 咖啡水：优质山泉水和蒸馏水以特定比例调和而成，适合冲泡咖啡或配搭咖啡饮用。

？任务单　了解冲泡咖啡选用的水质

任务内容	名称/用途/制作方法
水的化学性质	(1) 溶解在一定体积的水中的直径小于2微米的所有物质的总量是＿＿＿＿＿＿，简称＿＿＿＿＿＿，单位为＿＿＿＿＿＿ (2) 冲泡咖啡用水的TDS介于＿＿＿＿＿＿最为适宜 (3) 冲泡咖啡用水的pH值为＿＿＿＿，表示中性，酸碱度适中 (4) 我们用来冲泡萃取咖啡的水需要是＿＿＿＿、＿＿＿＿、＿＿＿＿、＿＿＿＿ (5) 水质偏硬时，冲泡咖啡应需要＿＿＿＿的咖啡豆、＿＿＿＿的咖啡粉，来调节平衡 (6) 水质偏软时，冲泡咖啡应需要＿＿＿＿的咖啡豆、＿＿＿＿的咖啡粉，来调节平衡
冲泡咖啡用水的种类	1. 矿泉水： 2. 蒸馏水： 3. 净化水： 4. 自来水： 5. 咖啡水：

活动二　用爱乐压咖啡机冲泡咖啡

信息页　爱乐压咖啡机

一、爱乐压起源

爱乐压(Aero Press)是一种手工烹煮咖啡器具，它是斯坦福大学机械工程讲师Alan Adler发明的，由美国AEROBIE公司于2005年正式发布上市。爱乐压结构类似于注射器，是一种利用气压，结合了法压壶的浸泡法、滤泡式(手冲)的滤纸过滤法和意式咖啡的快速加压萃取原理的独特方式萃取咖啡的工具。爱乐压出品稳定、味道均衡，且兼具意式咖啡的浓郁、滤泡咖啡的纯净及法压的顺口。通过改变咖啡研磨颗粒的大小和按压速度，可以按自己的喜好烹煮不同的风味。除了快速、方便、效果好之外，爱乐压还具有体积短小轻便、不易损坏的优点，相当适合外出时使用。

爱乐压有两种基本冲泡方法：正压法和反压法。

二、使用爱乐压制作咖啡前的准备

1. 原料准备

(1) 咖啡豆：选用中度烘焙的单品咖啡豆，如图1-6-1所示。

(2) 水：净化水要新鲜、洁净无异味，酸碱度适中。

图1-6-1 单品中度烘焙咖啡豆

2. 器具准备

(1) 爱乐压咖啡机：爱乐压咖啡机的结构，如图1-6-2所示。

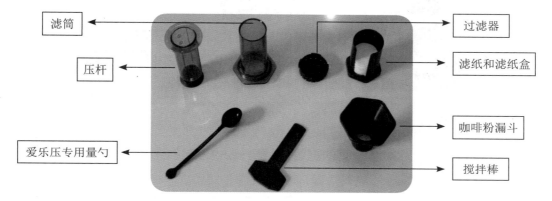

图1-6-2 爱乐压咖啡机的结构

① 滤筒：放咖啡粉和水；

② 压杆：萃取咖啡液时加压用；

③ 搅拌棒：搅拌咖啡粉和水，加速溶解；

④ 过滤器：过滤咖啡萃取液，避免粉渣与咖啡液一起落入咖啡杯中；

⑤ 滤纸和滤纸盒：垫放在过滤器中的圆形滤纸和盛放滤纸的容器；

⑥ 咖啡粉漏斗：用于向滤筒内投放咖啡粉；

⑦ 爱乐压专用量勺：用于盛取咖啡粉的工具，爱乐压公司标配，一勺粉量为8g。

(2) 电动磨豆机(如图1-6-3所示)及研磨度：研磨较细，呈粗砂糖状，比意式浓缩咖啡略粗一些。

图1-6-3 电动磨豆机

（3）电子秤：称取咖啡豆、咖啡粉、注水量用，如图1-6-4所示。

（4）手冲壶：具有恒温功能的电热水壶，如图1-6-5所示，不带有恒温的手冲可以用温度计控制。

（5）咖啡杯：放置在爱乐压下面，用于盛放萃取出来的咖啡液，如图1-6-6所示。

图1-6-4 电子秤　　　图1-6-5 手冲壶　　　图1-6-6 咖啡杯

三、爱乐压咖啡机冲泡咖啡的过程(如表1-6-1所示)

表1-6-1 爱乐压咖啡机冲泡咖啡的过程

爱乐压咖啡机冲泡咖啡的步骤	图片
称豆、细研磨	
将一片专用滤纸放在过滤器中，热水冲洗，去异味	
将过滤器拧到滤筒上	
将滤筒竖立搁置在咖啡杯上	

(续表)

爱乐压咖啡机冲泡咖啡的步骤	图片
将咖啡粉漏斗放置在滤筒上，用爱乐压专用量勺投放细研磨咖啡粉到滤筒里，晃动滤筒将咖啡粉摊平	
将80℃热水，缓慢注入滤筒：第一次注水，浸湿咖啡粉，焖蒸30秒；第二次注水，将剩余热水缓慢注入滤筒（双份意式咖啡约60ml）	
用搅拌棒轻轻搅动10秒	
将压杆插入滤筒，轻缓压下，接触到液面，用力均匀下压，压滤时长20～30秒，咖啡杯中即为用爱乐压制作出的咖啡液	
将滤筒中的剩余咖啡渣倒出，清水冲洗滤筒、过滤器和压杆	

小贴士　　　　　　　　　　爱乐压水粉比

　　爱乐压的材质保温性比较好，冲泡水温建议74～85℃。爱乐压水粉比没有一个固定的参考数值，可根据咖啡豆的风味特点、烘焙程度、个人的口味喜好、萃取手法的偏好自由设定。如果喜欢浓郁一点，少加点水（建议意式咖啡比例）；喜欢清淡，则多加点水。

任务单 爱乐压咖啡机冲泡咖啡

任务内容	名称/用途/制作方法
爱乐压咖啡机的冲泡准备	准备： (1) 器具准备：爱乐压咖啡机、电动磨豆机、电子秤、手冲壶咖啡杯 (2) 材料准备：单品咖啡豆 (3) 研磨度：细研磨
用爱乐压咖啡机冲泡的过程	按照操作步骤进行操作： (1) 称豆、细研磨 (2) 将一片专用滤纸放在过滤器中，热水冲洗，去异味 (3) 将过滤器拧到滤筒上 (4) 将滤筒竖立搁置在咖啡杯上 (5) 将咖啡粉漏斗放置在滤筒上，用爱乐压专用量勺投放细研磨咖啡粉到滤筒里，晃动滤筒将咖啡粉摊平 (6) 将80℃热水，缓慢注入滤筒：第一次注水，浸湿咖啡粉，焖蒸30秒；第二次注水，将剩余热水缓慢注入滤筒(双份意式咖啡约60ml) (7) 用搅拌棒轻轻搅动10秒 (8) 将压杆插入滤筒，轻缓压下，接触到液面，用力均匀下压，压滤时长20～30秒，咖啡杯中即为用爱乐压制作出的咖啡液 (9) 将滤筒中的剩余咖啡渣倒出，清水冲洗滤筒、过滤器和压杆

任务评价

任务六 爱乐压咖啡机冲泡咖啡评价表

评价项目	评价内容	个人评价			小组评价			教师评价		
操作前的准备工作	(1) 服务员的个人素质 (2) 准备的器具及材料	☺ ( )	☺ ( )	☹ ( )	☺ ( )	☺ ( )	☹ ( )	☺ ( )	☺ ( )	☹ ( )
操作过程	爱乐压咖啡机的操作方法	☺ ( )	☺ ( )	☹ ( )	☺ ( )	☺ ( )	☹ ( )	☺ ( )	☺ ( )	☹ ( )
成品欣赏	(1) 单品咖啡色度 (2) 单品咖啡味道	(1) 咖啡色度 浓( )中( )淡( ) (2) 咖啡味道(用强、中、弱表示) 苦( )香( ) 酸( )甘( )			(1) 咖啡色度 浓( )中( )淡( ) (2) 咖啡味道(用强、中、弱表示) 苦( )香( ) 酸( )甘( )			(1) 咖啡色度 浓( )中( )淡( ) (2) 咖啡味道(用强、中、弱表示) 苦( )香( ) 酸( )甘( )		

(续表)

评价项目	评价内容	个人评价	小组评价	教师评价
操作结束工作	(1) 清理吧台台面要求	(1) 吧台台面清理 ☺（　）☻（　）☹（　）	(1) 吧台台面清理 ☺（　）☻（　）☹（　）	(1) 吧台台面清理 ☺（　）☻（　）☹（　）
	(2) 器具清洁要求	(2) 器具的清洁度 ☺（　）☻（　）☹（　）	(2) 器具的清洁度 ☺（　）☻（　）☹（　）	(2) 器具的清洁度 ☺（　）☻（　）☹（　）
工作态度	热情认真的工作态度	☺（　）☻（　）☹（　）	☺（　）☻（　）☹（　）	☺（　）☻（　）☹（　）
团队精神	(1) 团队协作能力 (2) 解决问题的能力 (3) 创新能力	☺（　）☻（　）☹（　） （　）（　）（　） （　）（　）（　）	☺（　）☻（　）☹（　） （　）（　）（　） （　）（　）（　）	☺（　）☻（　）☹（　） （　）（　）（　） （　）（　）（　）
综合评价	☺（　）　☻（　）　☹（　）			

任务七　冰滴壶冲泡咖啡

工作情境

　　闷热的天气，冰凉的咖啡更易受到咖啡爱好者的欢迎。除了将制作完成的咖啡冰镇，我们还可以为客人提供低温萃取的咖啡。

具体工作任务

- 黄金杯萃取理论；
- 冰滴壶冲泡咖啡。

活动一 ▶ "Gold-Cup" 黄金杯理论

信息页 ▶ 黄金杯理论

一、黄金杯理论的来源

1964年，经过对饮用咖啡人口的饮用习惯与口味喜好的数据统计分析，在美国诞生了 "Gold-Cup" 黄金杯概念；SCAA美国精品咖啡协会于1982年发表黄金杯理论；2010年研发推出黄金杯的标准做法。

2017年初，SCAA美国精品咖啡协会和SCAE欧洲精品咖啡协会合并，并定义 "Gold-Cup" 黄金杯咖啡比例：咖啡萃取率18%～22%、咖啡浓度1.2%～1.5%。

二、黄金杯标准

针对滴滤冲煮，如何萃取出最佳的风味咖啡，控制因素不外乎咖啡粉的萃取物与一杯咖啡中的浓度这两个变量。所谓咖啡的 "黄金杯理论"，概括来讲就是指咖啡的黄金冲泡标准：1000ml的水、50～65g咖啡粉、92～96℃热水冲煮出的咖啡，最佳萃取率和浓度刚好落在 "靶心" 位置，即为Gold-Cup，如图1-7-1所示。

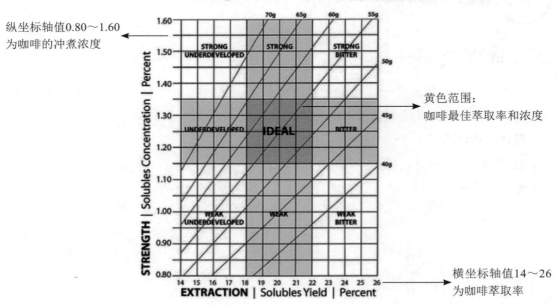

纵坐标轴值0.80～1.60为咖啡的冲煮浓度

黄色范围：咖啡最佳萃取率和浓度

横坐标轴值14～26为咖啡萃取率

图1-7-1　黄金杯萃取图

影响咖啡风味的要素有6个：水粉比例、萃取面积(咖啡粉的粗细度)与萃取时间、水质、过滤介质、适当设备(水温与粉层厚度)、正确操作(水流大小、搅拌)。不符合黄金杯标准时可用6大要素调整操作。

黄金杯原理适用于滴滤、虹吸等各种萃取方法。

?☝任务单　黄金杯标准

任务内容	名称/用途/制作方法
"黄金杯"标准	(1) 黄金杯咖啡比例：咖啡萃取率18%～22%、咖啡浓度为_____ (2)黄金冲泡标准：_____的水、_____咖啡粉、_____热水冲煮出的咖啡最佳萃取率和浓度刚好落在"靶心"位置 (3)影响咖啡风味的要素有6个：_____

活动二　用冰滴壶冲泡咖啡

信息页　冰滴咖啡

一、冰滴咖啡的起源

冰滴咖啡(Water-drip Coffee)发明于荷兰，也被称为"Dutch Coffee"(荷兰咖啡)。冰滴咖啡壶又称荷兰式冰咖啡滴滤器，3～4层的玻璃容器架在木座上，摆在门口的玻璃橱窗里，壮观中还带点神秘的色彩，上层是装水的容器，依容量有500cc到3000cc等型号。

据说，当年荷兰在统治印尼期间，种植了许多重口的罗布斯塔品种的咖啡，为了能在热带地区喝下这些相当苦的咖啡豆，他们便专门发明了一种用慢慢滴下的冷水冲泡咖啡的器具。一个有趣的现象是，在荷兰已几乎找不着这种咖啡，反倒在亚洲引发了冰滴风潮。在日本，冰滴咖啡已有几百年的历史，所以冰滴咖啡也被称为"Kyoto Coffee"(京都咖啡)、"Japanese-style Slow-drip"(日式慢滴)。而在韩国，几乎每家咖啡馆都在卖冰滴咖啡，且许多有名的冰滴器具品牌也都来自日本和韩国。

二、制作冰滴咖啡前的准备工作

1. 原料准备

(1) 咖啡豆：任何中度或深度烘焙的咖啡豆均可用于冰滴咖啡制作，低温萃取可以突出豆子本身的酸甜口感，如图1-7-2所示。

(2) 水：净化水要新鲜、洁净无异味，酸碱度适中。

(3) 冰块：净化水制成冰块。

2. 器具准备

(1) 冰滴咖啡壶：其制作冰滴咖啡的原理是借由咖啡本身与水相容的特性，利用冰块融化，咖啡粉百分之百低温浸透湿润一点一滴萃取而成。萃取出的咖啡，依咖啡烘焙程度、水量、水温、水滴速度、咖啡研磨粗细等因素呈现不同的风味。冰滴咖啡壶的结构，如图1-7-3所示。

图1-7-2　单品咖啡豆，中深度烘焙

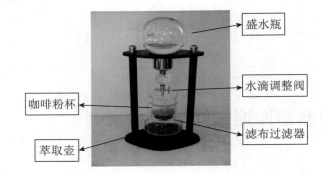

盛水瓶

水滴调整阀

咖啡粉杯

滤布过滤器

萃取壶

图1-7-3　冰滴咖啡壶的结构

(2) 电动磨豆机(如图1-7-4所示)及研磨度：冰滴咖啡需要咖啡粉细研磨，呈粗砂糖状，1-7-5所示。

图1-7-4　电动磨豆机

图1-7-5　细研磨咖啡粉

(3) 电子秤：用来称量咖啡豆和研磨好的咖啡粉，如图1-7-6所示。

(4) 滤纸：咖啡粉底层的滤纸用于过滤咖啡渣；咖啡粉上层的滤纸用于冰水滴下时，均匀渗透粉层，如图1-7-7所示。

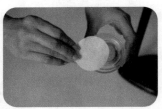

图1-7-6　电子秤

图1-7-7　滤纸

三、用冰滴壶冲泡咖啡的过程(如表1-7-1所示)

表1-7-1　用冰滴壶冲泡咖啡的过程

冰滴壶冲泡咖啡的步骤	图片
关闭水滴调整阀	
按饮用人数把适量净化水注入盛水瓶中,可一并放入适量冰块以泡制冰咖啡,一人标准水量约为120cc	
称豆、磨粉	
用水湿润滤布过滤器,放入咖啡粉杯中;咖啡粉杯装入滤纸	
把适量咖啡粉放入咖啡粉杯中	
再放一张滤纸在咖啡粉表面	
将咖啡粉杯置于萃取壶上方	
将盛水瓶放置在萃取壶上方,慢慢打开水滴调整阀,让盛水瓶有水滴流出,水滴应滴在滤纸上,待滤纸淋湿后,标准水滴速度应为每分钟40～60滴	
水滴会渗透滤纸和咖啡粉,成为咖啡后穿过滤布过滤器,最后落在咖啡液容器中	

小贴士

(1) 咖啡粉与冰水的比例为1:12～1:20，可随个人喜好而定。

(2) 冰滴咖啡的成败关键是滴滤速度，以10秒7滴左右的慢速滴滤为佳。水与咖啡粉有较长的时间融合，咖啡口感较饱和；若滴滤速度太快，味道太淡，同时会产生积水外溢，反之，太慢会使得咖啡发酵，产生酸味及酒味。水滴的流速可根据个人的需求调节，一般情况下每隔2小时应调整1次。

任务单　试用冰滴壶进行冲泡

任务内容	名称/用途/制作方法
冰滴壶的冲泡准备	请你准备： (1) 器具准备：冰滴壶、电动磨豆机、滤纸、电子秤 (2) 材料准备：咖啡豆、净化水、冰块 (3) 研磨度：细研磨
用冰滴壶冲泡的过程	按照操作步骤进行操作： (1) 关闭水滴调整阀 (2) 按饮用人数把适量净化水注入盛水瓶中，可一并放入适量冰块 (3) 称豆、磨粉 (4) 用水湿润滤布过滤器，放入咖啡粉杯中；咖啡粉杯装入滤纸 (5) 把适量咖啡粉放入咖啡粉杯中 (6) 再放一张滤纸在咖啡粉表面 (7) 将咖啡粉杯置于萃取壶上方 (8) 将盛水瓶放置在萃取壶上方，慢慢打开水滴调整阀，让盛水瓶有水滴流出，水滴应滴在滤纸上，待滤纸淋湿后，标准水滴速度应为每分钟40～60滴 (9) 水滴会渗透滤纸和咖啡粉，成为咖啡后穿过滤布过滤器，最后落在咖啡液容器中

任务评价

任务七　冰滴壶冲泡咖啡评价表

评价项目	评价内容	个人评价			小组评价			教师评价		
操作前的准备工作	(1) 服务员的个人素质 (2) 准备的器具及材料	☺ ( )	☺ ( )	☹ ( )	☺ ( )	☺ ( )	☹ ( )	☺ ( )	☺ ( )	☹ ( )
操作过程	冰滴咖啡的冲泡操作方法	☺ ( )	☺ ( )	☹ ( )	☺ ( )	☺ ( )	☹ ( )	☺ ( )	☺ ( )	☹ ( )

(续表)

评价项目	评价内容	个人评价	小组评价	教师评价
成品欣赏	(1) 单品咖啡色度 (2) 单品咖啡味道	(1) 咖啡色度 浓(　)中(　)淡(　) (2) 咖啡味道(用强、中、弱表示) 苦(　)香(　) 酸(　)甘(　)	(1) 咖啡色度 浓(　)中(　)淡(　) (2) 咖啡味道(用强、中、弱表示) 苦(　)香(　) 酸(　)甘(　)	(1) 咖啡色度 浓(　)中(　)淡(　) (2) 咖啡味道(用强、中、弱表示) 苦(　)香(　) 酸(　)甘(　)
操作结束工作	(1) 清理吧台台面要求 (2) 器具清洁要求	(1) 吧台台面清理 ☺　☺　☹ (　)　(　)　(　) (2) 器具的清洁度 ☺　☺　☹ (　)　(　)　(　)	(1) 吧台台面清理 ☺　☺　☹ (　)　(　)　(　) (2) 器具的清洁度 ☺　☺　☹ (　)　(　)　(　)	(1) 吧台台面清理 ☺　☺　☹ (　)　(　)　(　) (2) 器具的清洁度 ☺　☺　☹ (　)　(　)　(　)
工作态度	热情认真的工作态度	☺　☺　☹ (　)　(　)　(　)	☺　☺　☹ (　)　(　)　(　)	☺　☺　☹ (　)　(　)　(　)
团队精神	(1) 团队协作能力 (2) 解决问题的能力 (3) 创新能力	☺　☺　☹ (　)　(　)　(　) (　)　(　)　(　) (　)　(　)　(　)	☺　☺　☹ (　)　(　)　(　) (　)　(　)　(　) (　)　(　)　(　)	☺　☺　☹ (　)　(　)　(　) (　)　(　)　(　) (　)　(　)　(　)
综合评价	☺　☺　☹ (　)　(　)　(　)			

使用咖啡机制作咖啡

随着咖啡机的产生，去咖啡馆喝一杯快速、美味的咖啡，享受一下咖啡馆的闲暇时光，已成为现代人对品质生活的新的理解。学习并熟练使用咖啡机，快速准确地做出高品质的咖啡是咖啡师必须掌握的一项基本技能。

任务一 半自动咖啡机的咖啡制作

工作情境 🔍

　　咖啡馆自然是以高品质的咖啡为主打。咖啡豆的香气,一进门就能闻到,咖啡馆吧台内的半自动咖啡机,通过操作者的技能熟练程度萃取出口味各不相同的Espresso,快速地呈现了咖啡的纯正。从半自动咖啡机里萃取出的每一杯咖啡,都满载着操作者的心意,浓郁的咖啡香,淡淡地飘溢。

　　具体工作任务

- 半自动咖啡机制作咖啡前的准备;
- 半自动咖啡机制作咖啡的过程。

活动一 半自动咖啡机制作咖啡前的准备

信息页 制作Espresso咖啡所需的器具及原料

一、认识半自动咖啡机

　　咖啡机最早出现于19世纪末期,1855年巴黎交易会上展示出了第一台咖啡机。咖啡机的研发初衷是为了克服当时咖啡制作用时过长、需要保温和香味易流失的弊端,但这种咖啡机每次只能萃取大量的黑色咖啡。

　　1901年11月19日意大利的Luigu Bezzera设计出Tipo Gigante单杯手柄半自动咖啡机,并成功申请专利,从而代表着咖啡制作正式进入一次一杯快速萃取的时代。

　　到了1948年,随着半自动咖啡机蒸汽压力性能的不断提高和完善,使得咖啡油脂首次能够停留在咖啡表面,从而进入真正意义上的Espresso时代。

　　Espresso,中文译为意大利浓缩咖啡,入口时略微苦涩,香味醇厚,油脂丰富,口感细腻,十分刺激味蕾,饮下片刻后会感觉微甜,回味无穷。

　　Espresso因为半自动咖啡机的产生而产生,起源于意大利,为意大利文,寓意着精心快速为您制作的专属咖啡。

二、器具准备(如图2-1-1所示)

半自动咖啡机

意式专业研磨机

填压器

意大利浓缩咖啡杯

磕渣盒

图2-1-1　器具准备

(1) 意式专业研磨机:研磨意式咖啡豆的粗细程度与萃取结果息息相关,Espresso需要很细的研磨度,其研磨的细致程度大概比白棉糖略粗一点。而这种意式咖啡豆的研磨标准需要用意式专业研磨机来完成,在调整研磨粗细度时,只要旋转研磨刻度盘即可。而调整刻度盘的方向时,大都为顺时针方向旋转,意式咖啡豆的研磨度较细;若沿逆时针方向旋转,意式咖啡豆的研磨度则较粗。

(2) 填压器:应选择大小刚好符合咖啡手柄滤网大小的填压器,且填压器的长度和手握部分的直径要合适。

(3) 意大利浓缩咖啡杯:其杯壁应当比较厚,这样可以更好地保持温度;从杯口到底部呈越来越窄型,这样的杯型在咖啡萃取时,可以很好地保留咖啡油脂度。

(4) 磕渣盒:一般为不锈钢材质,中间有一橡胶挡板,专用来磕咖啡手柄内萃取过的咖啡粉饼,橡胶挡板有保护咖啡手柄的作用。

三、原料准备

所谓意大利综合咖啡豆(如图2-1-2所示)就是意式深度烘焙的拼配综合咖啡豆,简称意式咖啡豆。它将多个品种的咖啡豆根据配方搭配在一起进行意式深度烘焙,从而得到全面平衡的芳香口感。烘焙好的意式咖啡豆呈现低酸度,香醇度明显增

图2-1-2　意大利综合咖啡豆

加，焦苦味后有些许的焦糖回味感。注意，要选择新鲜烘焙的意式综合咖啡豆，这样能够更好地品尝到咖啡的芳香。

任务单 准备操作半自动咖啡机

任务内容	名称/用途/制作方法
器具准备	你来准备： (1) 半自动咖啡机 (2) 意式专业研磨机 (3) 填压器 (4) 磕渣盒 (5) 意大利浓缩咖啡杯
原料准备	你来挑选： 意大利综合咖啡豆 讨论： 意大利综合咖啡豆的特点
调整研磨刻度盘	你来试试： 根据制作意大利浓缩咖啡所需的研磨度来调整意式专业研磨机的刻度盘在1左右的位置

活动二 用半自动咖啡机制作 Espresso(如表2-1-1所示)

表2-1-1 用半自动咖啡机制作Espresso的过程

Espresso的制作步骤	图片
预热半自动咖啡机。首先确保供水正常，然后打开半自动咖啡机电源开关，此时半自动咖啡机控制灯亮起，将冲煮手柄挂在咖啡机冲煮头位置，等待约20分钟，半自动咖啡机即预热完成	
温杯。在半自动咖啡机预热时将意大利浓缩咖啡杯放在半自动咖啡机的预热板处；也可将意大利浓缩咖啡杯用热水烫一遍进行预热。使杯子保持恒温，可以更好地保持咖啡的香味和醇度	
调整意式研磨机的研磨度到达Espresso所需要的标准。如果意式咖啡豆研磨的颗粒过粗，萃取的程度就不够完整，口感也会偏淡；如果意式咖啡豆研磨的颗粒过细，萃取的程度也会因此过度，苦味会增加，口感过于浓烈	

(续表)

Espresso的制作步骤	图片
咖啡粉研磨好后，将冲煮手柄卡在研磨机的柄架特定位置，扳动研磨机右侧的出粉拉杆，使咖啡粉均匀地落入冲煮手柄内，约3/4分量即可。如果冲煮手柄内粉量过少，就会很松散，造成萃取不足；如果粉量过多，太过密实，会造成萃取过度	
刮粉、压粉。用手指轻轻平刮冲煮手柄内不均匀的咖啡粉，使咖啡粉平整地填满冲煮手柄间隙；将冲煮手柄平放，填压器轻放在咖啡粉上，然后垂直拿起填压器，将填压器换成另一头，用前端轻敲冲煮手柄，使残留在冲煮手柄侧面的咖啡粉落下；再将填压器放在咖啡粉上，手臂垂直于填压器上方，手腕保持水平，用力重压下去，并保持重压的状态，将填压器旋转一圈，然后垂直拿起填压器	
安装、抽出。将冲煮手柄安装在咖啡机的冲煮头位置，按下萃取键，就会看到Espresso随着浓浓的油脂涓细地流出，萃取时间应为20～28秒，萃取出来的Espresso的量应达到杯高30～45cm	
Espresso萃取完毕后，拿下冲煮手柄至磕渣盒，将冲煮手柄柄头中部对准磕渣盒的磕渣档处轻磕一下，已经萃取过的咖啡饼渣就会落入磕渣盒内。然后按下冲煮头开关，使冲煮头内的热水流出，冲煮手柄对准冲煮头用热水冲洗。冲洗干净后，将冲煮手柄安装在咖啡机冲煮头上，以保持冲煮手柄的温度	

小贴士

鉴别萃取

可根据Espresso的油脂量和萃取量来鉴别萃取是否正确。

（1）萃取不足的Espresso，萃取时间过短，量多，油脂颜色偏浅，口感不够浓厚，如图2-1-3所示。

（2）萃取过度的Espresso，萃取时间过长，量少，油脂颜色出现黑色条纹，口感过于苦涩浓烈，如图2-1-4所示。

（3）正确的Espresso，萃取时间、量都在正确范围内，油脂颜色呈棕褐色带有琥珀斑点，口感回味醇厚，如图2-1-5所示。

图2-1-3　萃取不足的Espresso　　图2-1-4　萃取过度的Espresso　　图2-1-5　正确的Espresso

任务单　使用半自动咖啡机制作Espresso

任务内容	名称/用途/制作方法
器具准备 研磨准备	你来准备： (1) 开启半自动咖啡机 (2) 准备所用器具 (3) 准备所需的意式咖啡豆 (4) 检查研磨程度
制作Espresso	你来制作： 按照规范、要求和正确的步骤制作Espresso
制作冰激凌咖啡	拓展练习： 制作冰激凌咖啡 制作方法： (1) 将一勺香草冰激凌放入杯中 (2) 把萃取好的Espresso浇在冰激凌上

任务评价

任务一　Espresso制作评价表

评价项目	评价内容	个人评价			小组评价			教师评价		
操作前的 准备工作	(1) 服务员的个人素质 (2) 准备的器具及材料	☺ (　) (　)	😐 (　) (　)	☹ (　) (　)	☺ (　) (　)	😐 (　) (　)	☹ (　) (　)	☺ (　) (　)	😐 (　) (　)	☹ (　) (　)

(续表)

评价项目	评价内容	个人评价			小组评价			教师评价		
操作过程	Espresso操作规范	☺ ( )	☺ ( )	☹ ( )	☺ ( )	☺ ( )	☹ ( )	☺ ( )	☺ ( )	☹ ( )
成品欣赏	(1) Espresso的油脂颜色 (2) Espresso的味道及口感	(1) 油脂标准 ☺ ( ) ☺ ( ) ☹ ( ) (2) 咖啡味道(用强、中、弱表示) 苦( )香( ) 酸( )甘( )			(1) 油脂标准 ☺ ( ) ☺ ( ) ☹ ( ) (2) 咖啡味道(用强、中、弱表示) 苦( )香( ) 酸( )甘( )			(1) 油脂标准 ☺ ( ) ☺ ( ) ☹ ( ) (2) 咖啡味道(用强、中、弱表示) 苦( )香( ) 酸( )甘( )		
操作结束工作	(1) 清理吧台台面要求 (2) 器具清洁要求	(1) 吧台台面清理 ☺ ( ) ☺ ( ) ☹ ( ) (2) 器具的清洁度 ☺ ( ) ☺ ( ) ☹ ( )			(1) 吧台台面清理 ☺ ( ) ☺ ( ) ☹ ( ) (2) 器具的清洁度 ☺ ( ) ☺ ( ) ☹ ( )			(1) 吧台台面清理 ☺ ( ) ☺ ( ) ☹ ( ) (2) 器具的清洁度 ☺ ( ) ☺ ( ) ☹ ( )		
工作态度	热情认真的工作态度	☺	☺	☹	☺	☺	☹	☺	☺	☹
团队精神	(1) 团队协作能力 (2) 解决问题的能力 (3) 创新能力	☺ ( )	☺ ( )	☹ ( )	☺ ( )	☺ ( )	☹ ( )	☺ ( )	☺ ( )	☹ ( )
综合评价	☺ ( )　　☺ ( )　　☹ ( )									

任务二　美式咖啡机的咖啡制作

工作情境

美式咖啡机过滤滴出的美味咖啡，暖暖的，空气中洋溢着浓浓的咖啡香味，口感尤其丰富，令人回味无穷。

具体工作任务

- 美式咖啡机制作咖啡前的准备；
- 美式咖啡机制作咖啡的过程。

活动一▶ **美式咖啡机制作咖啡前的准备**

信息页▷ **美式咖啡机制作咖啡所需的器具用品及原料**

一、认识美式咖啡机

滴滤咖啡是德国人发明的一种萃取咖啡的冲煮方法。美式咖啡机(美式滴滤机)是在1970年前后由美国人发明的，因为制作原理简单，所以迅速普及开来。

美式咖啡机的使用方法，简单来说，就是把咖啡豆研磨成粉后，放入美式滴滤机装有专用滤纸的滤器内，把水注入水仓位置，打开电源，迅速将水仓内的水进行电加热，在地球引力的作用下，热水经喷头落入不锈钢滤器内的咖啡粉中，水穿过装有咖啡粉的滤器由上而下萃取而成，整个过程需要6~8分钟。

美式咖啡机一次可制作12~24杯黑咖啡，现今是咖啡馆内必备的咖啡器具之一，各构件具体如图2-2-1所示。

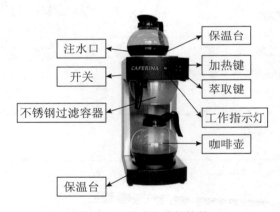

注水口
保温台
开关
加热键
萃取键
不锈钢过滤容器
工作指示灯
咖啡壶
保温台

图2-2-1 美式咖啡机构件

二、器具准备(如图2-2-2所示)

美式咖啡机　　电动研磨机　　美式咖啡机专用滤纸　　咖啡杯　　咖啡量勺

图2-2-2 器具准备

(1) 美式咖啡机：一般为Caferina牌美式咖啡机。

(2) 电动研磨机：半磅电动研磨机，由豆仓、转动式研磨粗细刻度盘、粉盒组成。美式咖啡机所需的研磨刻度在电动研磨机的粗细刻度盘的研磨度数值为2。

(3) 咖啡量勺：一满勺咖啡量勺的咖啡豆一般为8g。

三、原料准备

巴西是世界上最大的咖啡生产国，素有"咖啡国"之称。自1960年以来，巴西的咖啡种植量一直位居世界榜首，年均产量为2460万袋(每袋60kg)。绝大多数巴西咖啡采用的是日晒法，一般根据产地州名和运输港进行分类。巴西有21个州，其中17个州出产咖啡。

中度烘焙的巴西咖啡豆(如图2-2-3所示)，属于低酸度咖啡，口感柔滑，散发的是令人愉悦的醇厚香气。

图2-2-3 中度烘焙的巴西咖啡豆

?│任务单 准备用美式咖啡机制作咖啡

任务内容	名称/用途/制作方法
器具准备	你来准备： (1) 美式咖啡机 (2) 电动研磨机 (3) 美式咖啡机专用滤纸 (4) 咖啡杯 (5) 咖啡量勺
原料准备	你来挑选： 中度烘焙巴西咖啡豆 讨论： 中度烘焙巴西咖啡豆的口味特点
调整研磨刻度盘	你来试试： 将研磨机刻度盘按照要求转动到2的位置

活动二 用美式咖啡机制作咖啡(如表2-2-1所示)

表2-2-1 用美式咖啡机制作咖啡的过程

用美式咖啡机制作咖啡的步骤	图片
(1) 检查研磨刻度是否在2的位置 (2) 用咖啡量勺盛满8勺的咖啡豆放入电动研磨机豆仓中 (3) 开启电动研磨机开关研磨咖啡豆	
(1) 向美式咖啡机上的咖啡壶里注入7~8分满的纯净水 (2) 打开美式咖啡机注水口盖,将水倒入,倒完后将注水口的盖子盖好	
(1) 取下不锈钢过滤容器 (2) 取一张美式咖啡机专用滤纸放入不锈钢过滤容器内	
(1) 将研磨好的咖啡粉倒入滤纸内,轻轻拍平 (2) 将装好咖啡粉的不锈钢过滤容器安装在美式咖啡机过滤口上	
(1) 将咖啡壶对准出水口放好 (2) 插好美式咖啡机电源 (3) 同时打开咖啡机加热和萃取咖啡两个按键,工作指示灯亮起	

（续表）

用美式咖啡机制作咖啡的步骤	图片
(1) 1～2分钟后，咖啡通过出水口落入咖啡壶中 (2) 直到出水口不再出咖啡时，制作过程即完成，整个过程需要6～8分钟	
(1) 取出咖啡壶，把咖啡倒入温过的咖啡杯内 (2) 如果咖啡不能立即被喝完，可只将咖啡萃取键关闭，咖啡壶内的剩余咖啡可继续在保温台上保持温度	
(1) 清洗时要确保加热键和萃取键全部关闭，指示灯熄灭 (2) 取下不锈钢过滤容器，将里面的滤纸和咖啡渣一起倒入垃圾桶内，不锈钢过滤容器在水池中清洗干净后放回美式咖啡机过滤口处 (3) 咖啡机身用干净抹布仔细擦净即可	

小贴士

　　美式咖啡机萃取完咖啡后，应该立即倒掉咖啡渣，并清洗不锈钢过滤容器，以免水仓内和咖啡渣里的蒸汽穿过咖啡渣落入制作好的咖啡内。

　　放在保温台上的咖啡应该尽快喝完，以避免因保温时间过长而蒸发过多的香气并氧化咖啡，使咖啡变得又酸又苦。

任务单　使用美式咖啡机制作咖啡

任务内容	名称/用途/制作方法
器具准备 研磨准备	你来准备： (1) 准备美式咖啡机和电动研磨机，并将研磨刻度盘调整到研磨刻度2的位置 (2) 准备所需材料和器具 (3) 准备所需的中度烘焙巴西咖啡豆 (4) 准备好纯净水

(续表)

任务内容	名称/用途/制作方法
用美式咖啡机制作咖啡	你来制作： 按照美式咖啡机制作咖啡的步骤、规范和要求，制作咖啡
制作柠檬咖啡	拓展练习： 制作柠檬咖啡 制作方法： (1) 将咖啡倒在杯中六七分满的位置 (2) 在咖啡中加入5ml白兰地，使咖啡中融有白兰地的味道 (3) 加入5ml蜂蜜，保证咖啡的甜味 (4) 加几滴柠檬汁，并放入一片很薄的柠檬片，使其浮在咖啡上 注：咖啡特有的香味，加上水果的香味和淡淡的酒香，就成为口感非常清爽的咖啡

任务评价

任务二　美式咖啡机操作评价表

评价项目	评价内容	个人评价			小组评价			教师评价		
操作前的准备工作	(1) 服务员的个人素质 (2) 准备的器具及材料	☺ ( )	☺ ( )	☹ ( )	☺ ( )	☺ ( )	☹ ( )	☺ ( )	☺ ( )	☹ ( )
操作过程	美式咖啡机操作规范	☺ ( )	☺ ( )	☹ ( )	☺ ( )	☺ ( )	☹ ( )	☺ ( )	☺ ( )	☹ ( )
成品欣赏	美式咖啡的味道及口感	咖啡味道(用强、中、弱表示) 苦( )香( ) 酸( )甘( )			咖啡味道(用强、中、弱表示) 苦( )香( ) 酸( )甘( )			咖啡味道(用强、中、弱表示) 苦( )香( ) 酸( )甘( )		
操作结束工作	(1) 清理吧台台面要求 (2) 器具清洁要求	(1) 吧台台面清理 ☺ ( ) ☺ ( ) ☹ ( ) (2) 器具的清洁度 ☺ ( ) ☺ ( ) ☹ ( )			(1) 吧台台面清理 ☺ ( ) ☺ ( ) ☹ ( ) (2) 器具的清洁度 ☺ ( ) ☺ ( ) ☹ ( )			(1) 吧台台面清理 ☺ ( ) ☺ ( ) ☹ ( ) (2) 器具的清洁度 ☺ ( ) ☺ ( ) ☹ ( )		

(续表)

评价项目	评价内容	个人评价			小组评价			教师评价		
工作态度	热情认真的工作态度	☺ ( )	😐 ( )	☹ ( )	☺ ( )	😐 ( )	☹ ( )	☺ ( )	😐 ( )	☹ ( )
团队精神	(1) 团队协作能力 (2) 解决问题的能力 (3) 创新能力	☺ ( ) ( ) ( )	😐 ( ) ( ) ( )	☹ ( ) ( ) ( )	☺ ( ) ( ) ( )	😐 ( ) ( ) ( )	☹ ( ) ( ) ( )	☺ ( ) ( ) ( )	😐 ( ) ( ) ( )	☹ ( ) ( ) ( )
综合评价	☺ ( )　😐 ( )　☹ ( )									

任务三　全自动咖啡机的咖啡制作

工作情境

无论是想喝浓郁香醇的意式浓缩咖啡，还是香浓的美式咖啡，只需轻轻一按，即可舒适快速地享受到所喜爱的咖啡，而这一切都要归功于利用电子技术使从研磨到萃取成为一体的全自动咖啡机。

具体工作任务

- 全自动咖啡机制作咖啡前的准备；
- 全自动咖啡机制作咖啡的过程。

活动一　全自动咖啡机制作咖啡前的准备

信息页　全自动咖啡机操作所需的器具用品及原料

一、认识全自动咖啡机

全自动咖啡机最早出现在20世纪60年代的意大利，是由Rossi发明的。1965年EGI MILAN生产了第一台全自动咖啡机。

全自动咖啡机的产生意味着通过电子化将复杂的咖啡机操作过程简单化，利用电子技术取代人为操作来控制制作咖啡的全过程。全自动咖啡机通过自行选定咖啡的杯量，自动研磨咖啡豆，并将咖啡粉装入制作组件，通过电热片迅速加热，同时咖啡粉被压紧后萃取出咖啡。

目前全自动咖啡机品牌主要源于德国、瑞士、意大利等。全自动咖啡机因其方便、快捷、品质一致、高效率、能在短时间内及时享用等特点，逐渐受到办公人士的喜爱，成为办公咖啡的代表形式。

二、器具准备

意大利Saeco(喜客)公司是世界最大的咖啡机制造商，从家用机型到大型自动售卖机，目前共有200多款功能和型号各异的咖啡机。Saeco咖啡机是世界三大品牌咖啡机之一。

迄今为止，Saeco公司已在世界各国建立了分公司和客户服务中心，进入中国的10年来，主要服务于星级酒店、驻华使领馆、外企公司、餐厅、酒吧和喜爱咖啡的人士。意大利Saeco全自动咖啡机(如图2-3-1所示)拥有两套独立加热系统，可同时准备咖啡和牛奶泡沫，咖啡杯可在预热板上预先加热，由此保证每杯咖啡都拥有香醇而持久的口味，其主要构件和功能如下。

图2-3-1　意大利Saeco全自动咖啡机

(1) 温杯板：可随时保持杯子的温度，使咖啡口感香味更佳。

(2) 水箱：容量为2.4L，水箱内最好加纯净水。

(3) 咖啡豆专用槽：容量为300g。

(4) 咖啡粉专用槽：容量为9～10g。可外加不同口味的咖啡粉，制作不同口味的咖啡。

(5) 磨豆调整杆：可调整咖啡豆的研磨粗细度，并可依据不同的粗细度来调整咖啡的浓淡度。研磨较细可使咖啡较浓，但过细会使咖啡变苦，也可能使咖啡流出的速度变慢；相反，如果研磨较粗会使咖啡变淡。

(6) 豆量调整杆：可根据自己的口味喜好进行咖啡豆量的调节，一次制作的豆量调节范围在6～9g之间。

(7) 热水口：可用于泡茶或任何其他热饮所需的热水专用出口。

(8) 蒸汽大小开关：可调整蒸汽及热水口量的大小。

(9) 咖啡出口：可选择同时制作1小杯/1中杯/1大杯咖啡。

(10) 牛奶发泡器：通过将左侧软管插入牛奶盒中，打开牛奶蒸汽开关，直接吸取鲜奶，5秒钟左右即可形成奶泡。

(11) 液晶显示屏(如图2-3-2所示)：电脑检控并显示机器的所有运作状况，一目了然，操作容易。

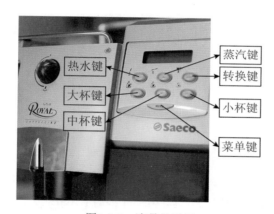

图2-3-2　液晶显示屏

液晶显示屏上各菜单的中英文对照注解如下。

RINSING	预热准备状态，请等待
RINSING WARMING UP	正在准备进行状态，请等待
ENERGY SAVING	节能状态，按一下"MENU"键启动
SELECT PRODUCT READY FOR USE	准备完成，可以使用
FILL WATERTANK	水量不足，请加水
COF BEANS EMPTY	豆量不足，请加豆
DREGDRAW FULL	废渣盒已满，请清空废渣盒
1 SMALL COFFEE	1小杯咖啡
HOT WATER PREGR.COFFEE	热水键工作中
CAPPUCCINO READY FOR USE	卡布基诺牛奶发泡器正在预热准备状态
CAPPUCCINO PREGR.COFFEE	卡布基诺奶泡制作中

(12) 废粉盒：容量30个左右废渣饼。

(13) 废水槽：中间的红色浮标浮起时说明废水容量已到达极限。

三、原料准备

注意，要选择新鲜烘焙的意大利综合咖啡豆，这样能够更好地品尝到咖啡的芳香。

❓❓任务单　你来准备全自动咖啡机及其他原料

任务内容	名称/用途/制作方法
器具准备	你来准备： 全自动咖啡机 注意： (1) 全自动咖啡机要摆放在距离墙面10cm以上的位置，否则会影响机器散热 (2) 要保证全自动咖啡机摆放在平坦台面上，否则机器会出现噪音及运行不良现象
原料准备	你来挑选： 意大利综合咖啡豆 讨论： 意大利综合咖啡的口味特点
回答问题	你来试试： 说出全自动咖啡机各构件的功能及作用，以及液晶显示屏上英文提示的具体含义

活动二 ▶ 用全自动咖啡机制作咖啡(如表2-3-1所示)

表2-3-1　用全自动咖啡机制作咖啡

全自动咖啡机制作咖啡的步骤	图片
(1) 拿下水箱盒 (2) 加入纯净水，到水箱凹凸水位位置停止 (3) 将水箱盒安装回水箱位置处，盖好水箱盖	
(1) 打开咖啡豆专用槽盖，将意大利综合咖啡豆装入，盖好盖子 (2) 将研磨调节杆调到5的位置	

（续表）

全自动咖啡机制作咖啡的步骤	图片
(1) 打开废水槽，如有废水，清理干净 (2) 拿出废粉盒，检查是否有废粉需要清理 (3) 检查完毕后，将废粉盒、废水槽依次安装回原位置	
(1) 插好电源，打开全自动咖啡机左侧的电源开关 (2) 检查咖啡杯是否在温杯板上 (3) 看到液晶显示屏提示"RINSING WARMING UP..."，等待全自动咖啡机预热到自动清洗完成至"SELECT PRODUCT READY FOR USE"状态	
(1) 以做一杯Espresso为例，从温杯板取下咖啡杯，对准咖啡出口放好 (2) 按下小杯按键，此时可以听到全自动咖啡机开始迅速加热和研磨的声音	
咖啡粉被少量的水浸湿，先是有几滴咖啡滴出，等待1～2秒钟后，咖啡萃取正式开始，直至咖啡制作自动停止	
清洗： (1) 在全自动咖啡机开机预热完毕和关机时，机器会自动清洗咖啡出口各一次 (2) 全自动咖啡机使用完毕后，应将废水槽中的废水、废粉盒中的废粉清空，并用水冲洗干净 (3) 用微湿的软布擦拭全自动咖啡机机身外壳	

小贴士　　　　　**全自动咖啡机的使用**

一、注意事项

（1）不要在水箱无水、豆槽无豆的情况下使用机器。

（2）豆槽严禁进水。

（3）全自动咖啡机在运行过程中不要随意中断，也不要触动相关附件，否则机器可能会自动保护，造成不必要的麻烦，甚至损坏机器。

(4) 咖啡制作过程中，按显示屏上的任何键都会停止咖啡的输出。

(5) 按键时应轻按一下即刻松开，如果按住不放容易造成乱码。

(6) 全自动咖啡机不可擅自拆卸。

二、常见故障排除

(1) 无显示——检查电源开关是否插好，检查各配件是否组装连接到位。

(2) 液晶显示屏有如下提示：

ENERGY SAVING——节能保护状态，按MENU键即可。

DREGDRAW MISS——有组件没有安装到原位。

任务单　使用全自动咖啡机制作咖啡

任务内容	名称/用途/制作方法
器具准备 原料准备	你来准备： (1) 准备全自动咖啡机，检查水仓、豆仓，检查废水槽、废粉盒是否清洁 (2) 向水仓内加入所需的纯净水，注意水位线位置 (3) 准备所需的意大利综合咖啡豆 (4) 检查温杯板上是否有咖啡杯
用全自动咖啡机制作咖啡 	你来制作： (1) 在豆仓内装入咖啡豆，调整研磨度 (2) 按照全自动咖啡机制作的步骤、规范和要求，制作咖啡
制作瑞士巧克力咖啡 	拓展练习： 制作瑞士巧克力咖啡 准备材料：卡布基诺咖啡杯、可可粉、巧克力糖浆、吧勺 制作方法： (1) 将3g巧克力粉与20ml巧克力糖浆放入咖啡杯内 (2) 用全自动咖啡机萃取一杯中杯的咖啡 (3) 用吧勺搅拌均匀即可 提示：巧克力一直是欧洲人尤其是瑞士人的最爱。天冷的时候，欧美人士都习惯在包里放些巧克力，以备充饥耐寒等不时之需。将巧克力加在咖啡里不但美味，还可以调和苦味，补充热量

任务评价

任务三　全自动咖啡机操作能力评价表

评价项目	评价内容	个人评价			小组评价			教师评价		
操作前的准备工作	(1) 服务员的个人素质 (2) 准备的器具及材料	☺ (　) (　)	☻ (　) (　)	☹ (　) (　)	☺ (　) (　)	☻ (　) (　)	☹ (　) (　)	☺ (　) (　)	☻ (　) (　)	☹ (　) (　)
操作过程	全自动咖啡机操作规范	☺ (　)	☻ (　)	☹ (　)	☺ (　)	☻ (　)	☹ (　)	☺ (　)	☻ (　)	☹ (　)
成品欣赏	全自动咖啡的味道及口感	咖啡味道(用强、中、弱表示) 苦(　)香(　) 酸(　)甘(　)			咖啡味道(用强、中、弱表示) 苦(　)香(　) 酸(　)甘(　)			咖啡味道(用强、中、弱表示) 苦(　)香(　) 酸(　)甘(　)		
操作结束工作	(1) 清理吧台台面要求 (2) 器具清洁要求	(1) 吧台台面清理 ☺(　) ☻(　) ☹(　) (2) 器具的清洁度 ☺(　) ☻(　) ☹(　)			(1) 吧台台面清理 ☺(　) ☻(　) ☹(　) (2) 器具的清洁度 ☺(　) ☻(　) ☹(　)			(1) 吧台台面清理 ☺(　) ☻(　) ☹(　) (2) 器具的清洁度 ☺(　) ☻(　) ☹(　)		
工作态度	热情认真的工作态度	☺ (　)	☻ (　)	☹ (　)	☺ (　)	☻ (　)	☹ (　)	☺ (　)	☻ (　)	☹ (　)
团队精神	(1) 团队协作能力 (2) 解决问题的能力 (3) 创新能力	☺ (　)	☻ (　)	☹ (　)	☺ (　)	☻ (　)	☹ (　)	☺ (　)	☻ (　)	☹ (　)
综合评价	☺(　) ☻(　) ☹(　)									

任务四

3D打印咖啡拉花

工作情境 🔍

在咖啡上进行精美的拉花,并不是一件容易的事情。随着科技的发展,3D打印技术在咖啡拉花上也得到了应用。短短几秒时间,3D打印机就可以在咖啡上绘制出任意图案(包括照片)。充满创意的图案彰显着个性,为咖啡的饮用感受锦上添花。

具体工作任务
- 3D打印咖啡拉花前的准备;
- 用3D打印机制作拉花。

活动一 ▶ 3D打印咖啡拉花前的准备

信息页 3D打印咖啡拉花所需的器具用品及原料

一、了解3D打印咖啡拉花

在萃取好的咖啡液中加入打发绵密的奶泡与牛奶混合液,可以有效提升口感。对于奶咖爱好者来说,咖啡上的精美拉花,会让人的心情更添几分愉悦。然而对于爱好者或初学者而言,若想在咖啡上进行精美的拉花,并不是一件容易的事情,需要花费较多的资金与时间成本。

3D打印是一种以数字模型文件为基础,运用粉末状可黏合材料,通过逐层打印的方式来构造物体的技术。伴随着科学技术的发展应用,3D咖啡拉花打印机应运而生,其工作原理是:使用者通过App软件或者小程序输入设计好的图案,拉花打印机将食用级的染料用喷口在咖啡奶泡上"打印"出图案,它能在短时间内绘出各种字体、漂亮的图案。

二、器具准备

(1) 3D咖啡拉花打印机:其具体结构,如图2-4-1所示。

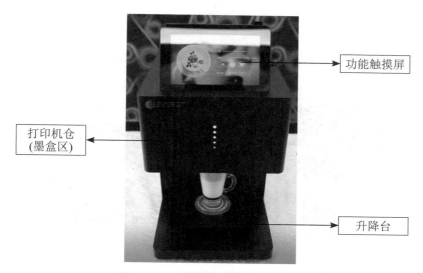

图2-4-1　3D咖啡拉花打印机的结构

(2) 墨盒(如图2-4-2所示)：墨盒的颜色，以前比较单一，主要为咖色；现在种类较多，如绿色、金色等，建议最好使用咖色。每个墨盒都有自己的代码，输入代码即可使用。未开封的墨盒保质期12个月，拆封后6个月，所以，不建议一次性大量购买。如果过期，则会提示"过期不能使用"，因为墨盒粉是有保质期的食用粉。

图2-4-2　墨盒

(3) 咖啡杯：拿铁或卡布基诺咖啡杯，如图2-4-3所示。

图2-4-3　拿铁或卡布基诺咖啡杯

三、原料准备

需要准备好香气四溢的现磨咖啡，萃取一份浓缩咖啡液，如图2-4-4所示。

然后倒上打好的奶泡，制作完成一杯拿铁咖啡或卡布基诺咖啡，如图2-4-5所示。

图2-4-4　浓缩咖啡液

图2-4-5　拿铁或卡布基诺咖啡

?₂任务单　准备用3D打印机制作咖啡拉花

任务内容	名称/用途/制作方法
器具准备	你来准备： (1) 3D咖啡拉花打印机 (2) 墨盒 (3) 咖啡杯
原料准备	你来准备： 萃取咖啡液 打发奶泡

活动二　用3D打印机制作拉花(如表2-4-1所示)

表2-4-1　用3D打印机制作拉花的过程

用3D打印机制作拉花的步骤	图片
打开电源，触摸屏显示功能界面	
检查墨盒，上新墨盒时需要输入代码，显示正常可以继续操作	

（续表）

用3D打印机制作拉花的步骤	图片
测试打印标准，出现问题应及时调试（出粉不畅时，取下墨盒，在出粉点多按压几下让墨粉出来，再进行测试）	
连接Wi-Fi	
在功能界面找到二维码，用手机微信扫一扫，然后按手机上的操作步骤上传照片，从界面找到上传的照片，操作成功	
把盛有做好的拿铁或卡布基诺（液体上面是白色奶泡即可）咖啡杯放在升降台上	
找到要打印的图片，根据杯子的大小选择大、中、小号的按键，操作完毕	

任务单　使用3D打印机制作咖啡拉花

任务内容	名称/用途/制作方法
器具准备 原料准备	你来准备： (1) 准备3D咖啡打印机 (2) 准备所需原料 (3) 准备器材
用3D打印机制作咖啡拉花	你来制作： 按照3D打印机制作咖啡拉花的步骤、规范和要求，制作咖啡拉花

任务评价

任务四　3D打印咖啡拉花评价表

评价项目	评价内容	个人评价	小组评价	教师评价
操作前的准备工作	(1) 服务员的个人素质 (2) 准备的器具及材料	☺( ) ☺( ) ☹( )	☺( ) ☺( ) ☹( )	☺( ) ☺( ) ☹( )
操作过程	3D打印机的操作方法	☺( ) ☺( ) ☹( )	☺( ) ☺( ) ☹( )	☺( ) ☺( ) ☹( )
成品欣赏	(1) 奶泡的绵密度 (2) 图案的位置	(1) 奶泡的绵密度 粗( )细( ) (2) 图案位置 偏( )适中( )	(1) 奶泡的绵密度 粗( )细( ) (2) 图案位置 偏( )适中( )	(1) 奶泡的绵密度 粗( )细( ) (2) 图案位置 偏( )适中( )
操作结束工作	(1) 清理要求 (2) 器具清洁要求	(1) 打印机清理 ☺( ) ☺( ) ☹( ) (2) 器具的清洁度 ☺( ) ☺( ) ☹( )	(1) 打印机清理 ☺( ) ☺( ) ☹( ) (2) 器具的清洁度 ☺( ) ☺( ) ☹( )	(1) 打印机清理 ☺( ) ☺( ) ☹( ) (2) 器具的清洁度 ☺( ) ☺( ) ☹( )
工作态度	热情认真的工作态度	☺( ) ☺( ) ☹( )	☺( ) ☺( ) ☹( )	☺( ) ☺( ) ☹( )
团队精神	(1) 团队协作能力 (2) 解决问题的能力 (3) 创新能力	☺( ) ☺( ) ☹( )	☺( ) ☺( ) ☹( )	☺( ) ☺( ) ☹( )
综合评价	☺( ) ☺( ) ☹( )			

教你制作经典咖啡

在咖啡馆里点一杯经典咖啡，不仅口味甘美丰富、细腻香醇，更呈现出盛开的视觉美感，完美地、华丽地展现，妖娆地通过味蕾绽放。

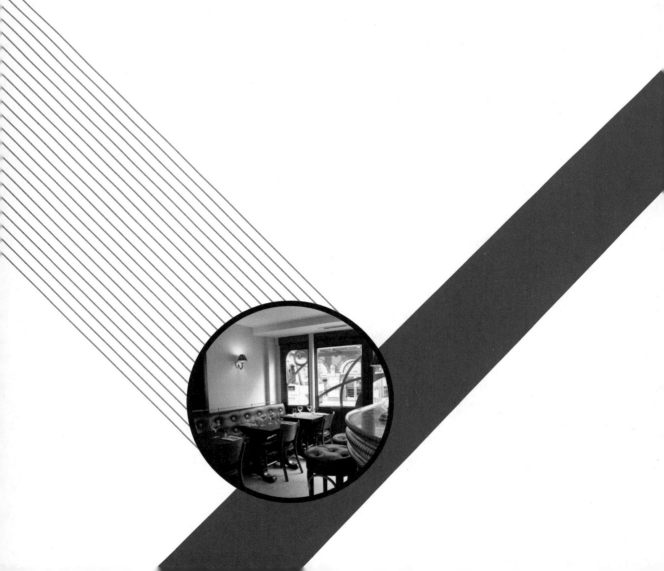

爱尔兰咖啡的制作

任务一

工作情境 🔍

　　夕阳西下的咖啡馆，角落里一张不起眼的咖啡桌，心在这里游走；伴着爵士的悠扬、陌生面孔的穿梭；喝着爱尔兰咖啡，嗅着杯子里飘出来的阵阵香浓醇烈，深邃的心也沉静下来。

　　具体工作任务

- 爱尔兰咖啡制作前的准备；
- 爱尔兰咖啡的制作过程。

活动一 ▶ **制作爱尔兰咖啡前的准备**

信息页 **制作爱尔兰咖啡所需器具用品及原料**

一、爱尔兰咖啡的来历

　　爱乐兰咖啡是都柏林机场的酒保为一位美丽的空姐所调制的。

　　酒保在都柏林机场邂逅了一位美丽的姑娘，她有着飘逸的长发、会说话的大眼睛，她的一举一动无不牵动着他的心，可她并不点酒，她只爱咖啡，而他擅长的是鸡尾酒。能为她亲手制作一款鸡尾酒是他最大的心愿，创作的灵感冲击着他的大脑。终于，一款融合了爱尔兰威士忌和咖啡的饮品在他手中诞生了。他把它命名为"爱尔兰咖啡"，并悄悄地添加在酒单里，盼望着有一天她能够点到。

　　等待是漫长的，一年过去了，终于她点了"爱尔兰咖啡"。伴着激动的泪水，他要将这份思念传递给她，便偷偷用眼泪在杯口画了一圈。所以，第一口爱尔兰咖啡散发着思念被压抑很久后发酵的味道。

　　后来那位美丽的姑娘不再做空姐，回到了自己的家乡——旧金山。在那里她才知道爱尔兰咖啡是酒保专门为她创作的，为了让更多人喝到美味的爱尔兰咖啡，她也开了一家咖啡馆。就这样，爱尔兰咖啡在旧金山流行了起来。这也正是爱尔兰咖啡最早出现在柏林，却盛行于旧金山的原因。

二、制作爱尔兰咖啡所需器具用品及原料

1. 器具准备(如图3-1-1所示)

虹吸壶

电动研磨机

爱尔兰烤杯架

爱尔兰杯

量杯

奶油枪

图3-1-1 器具准备

(1) 爱尔兰杯：是用钢化玻璃制成的耐热高脚杯，杯子的上缘与下缘各有一条线，下缘线标示1oz，上缘线标示180cc，在制作过程中通常与爱尔兰烤杯架配合使用。

(2) 量杯：也称量酒器、盎司杯，为水吧、酒吧、咖啡馆等工作人员量取液体的专用器具，多为双头设计、不锈钢材质。

1英制液体盎司=28.41毫升　　1美制液体盎司=29.57毫升

(3) 奶油枪：又称专业奶油发泡器，是制作花式咖啡必备的器材，通常由挤花嘴、气弹仓、壶体组成。

2. 原料准备(如图3-1-2所示)

爱尔兰杯威士忌酒

鲜奶油

黑咖啡

图3-1-2 原料准备

(1) 爱尔兰威士忌酒：是一种只在爱尔兰地区生产的，以大麦、燕麦、小麦和黑麦等为原料的威士忌。通常需要经过塔式蒸馏器3次蒸馏，然后注入橡木桶中陈酿8～15年，在入瓶时兑和玉米威士忌并添加蒸馏水使酒度在40°左右。此种威士忌由于原料不采用泥炭的熏焙，所以没有焦香味，口味比较绵柔长润，适合与咖啡等饮料共饮。

(2) 鲜奶油：也称淡奶油，是从新鲜牛奶中分离出脂肪的高浓度奶油，呈液状。鲜奶油分为动物性鲜奶油和植物性鲜奶油：动物性鲜奶油用乳脂或牛奶制成；而植物性鲜奶油的主要成分是棕榈油和玉米糖浆，其色泽来自食用色素，牛奶的风味来自人工香料，日常生活中人们用其制作冰激凌、装饰蛋糕、冲泡花式咖啡等。

?? 任务单　准备制作爱尔兰咖啡

任务内容	名称/用途/制作方法
器具准备	准备： (1) 爱尔兰杯 (2) 爱尔兰烤杯架 (3) 盎司杯 (4) 虹吸壶 (5) 奶油枪
原料准备	挑选： 选择你所需要的原料＿＿＿＿＿＿： A. 咖啡豆　B. 软水　C. 爱尔兰威士忌酒　D. 苏格兰威士忌酒 E. 方糖　　F. 鲜奶油 讨论：两种威士忌酒你选择的是哪款？为什么
虹吸壶冲泡咖啡	回顾： 请写出虹吸壶的使用步骤。 　如：(1) 先将下壶中的水加热至沸腾 　　　(2) 　　　(3) 　　　(4) 　　　(5) 　　　(6) 　　　(7) 　　　(8) 注意事项：(1) 下壶中的水最好为热开水，可节省煮沸时间 　　　　　(2) 咖啡杯要温杯，咖啡豆以现磨现煮为佳 　　　　　(3) 竹匙搅拌时勿刮到底下的过滤网 请你思考： 冲泡咖啡时为什么要用软水而不用硬水

活动二 爱尔兰咖啡的制作过程

信息页 爱尔兰咖啡的制作过程(如表3-1-1所示)

表3-1-1 爱尔兰咖啡的制作过程

爱尔兰咖啡的制作步骤	图片
用虹吸壶制作黑咖啡	
烤杯: (1) 将爱尔兰杯置于爱尔兰烤杯架上,将方糖和爱尔兰威士忌酒注入杯中至第1条黑线处(约1oz),并将酒精灯点燃,对准杯腹处加热 (2) 匀速转动杯子,使各面均匀受热 (3) 爱尔兰威士忌酒中的酒精因受热挥发,酒香四溢 (4) 方糖慢慢融化 (5) 将爱尔兰杯从爱尔兰烤杯架上取下,杯子倾斜,杯口对准火源点燃酒液 (6) 将杯子放平,待燃火自然熄灭	
将5oz咖啡注入杯中(至第2条黑线处约180cc),将虹吸壶中制作好的热咖啡缓缓注入爱尔兰杯中,至上缘金线处为宜	
注入适量鲜奶油: 在咖啡顶端注入适量鲜奶油,奶油厚度以1cm为佳 奶油枪的使用步骤: (1) 打开盖子,倒入鲜奶油(不超过一半),将盖子拧紧 (2) 装入氮气子弹,摇动 (3) 安装挤花嘴,朝下挤按就可将奶油压喷出来 提示:可将用不完的奶油存放在冰箱中供再次使用,但存放时间在一个星期之内为佳	

(续表)

爱尔兰咖啡的制作步骤	图片
清理台面： (1) 将爱尔兰咖啡放在托盘中，同时放入杯垫、咖啡勺、餐巾纸等物品 (2) 清洗虹吸壶。特别要清洗过滤器，并用清水浸泡，然后将其保存在冰箱中 (3) 吧台台面清理干净整齐，器具的清洁度要求无污渍	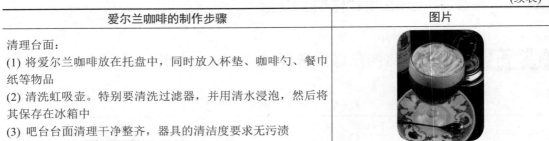

任务单 爱尔兰咖啡的制作

任务内容	名称/用途/制作方法
奶油枪准备 黑咖啡准备	准备： 1. 奶油枪 (1) 将奶油枪中注入鲜奶油 (2) 装入氮气子弹，摇晃 (3) 安装挤花嘴 2. 黑咖啡 (1) 将烧瓶中的水加热至沸腾 (2) 插入漏斗，水位上升 (3) 水位停止上升后用竹匙搅动 (4) 将咖啡萃取后用半湿的布擦拭烧瓶，水位下降 (5) 待水全部回落至烧瓶中，熄火
制作爱尔兰咖啡	制作： (1) 用虹吸壶冲煮咖啡 (2) 将加入了方糖的爱尔兰威士忌酒点燃 (3) 把虹吸壶中的咖啡缓缓地注入爱尔兰威士忌酒中 (4) 在咖啡的顶端加入1cm厚的鲜奶油
制作柠檬爱尔兰咖啡	拓展练习： 制作柠檬爱尔兰咖啡 制作方法： (1) 将热咖啡倒入杯中 (2) 把柠檬削皮去肉，将柠檬皮放在杯口 (3) 用长勺缓缓注入爱尔兰威士忌酒，然后点燃

任务评价

任务一　爱尔兰咖啡制作评价表

评价项目	评价内容	个人评价			小组评价			教师评价		
操作前的准备工作	(1) 服务员的个人素质 (2) 准备的器具及材料	☺( ) ( )	☺( ) ( )	☹( ) ( )	☺( ) ( )	☺( ) ( )	☹( ) ( )	☺( ) ( )	☺( ) ( )	☹( ) ( )
操作过程	爱尔兰咖啡操作规范	☺( )	☺( )	☹( )	☺( )	☺( )	☹( )	☺( )	☺( )	☹( )
成品欣赏	(1) 爱尔兰咖啡外形美观 (2) 爱尔兰咖啡的味道及口感	(1) 外形美观 ☺( ) ☺( ) ☹( ) (2) 咖啡味道(用强、中、弱表示) 苦( )香( ) 酸( )甘( )			(1) 外形美观 ☺( ) ☺( ) ☹( ) (2) 咖啡味道(用强、中、弱表示) 苦( )香( ) 酸( )甘( )			(1) 外形美观 ☺( ) ☺( ) ☹( ) (2) 咖啡味道(用强、中、弱表示) 苦( )香( ) 酸( )甘( )		
操作结束工作	(1) 清理吧台台面要求 (2) 器具清洁要求	(1) 吧台台面清理 ☺( ) ☺( ) ☹( ) (2) 器具的清洁度 ☺( ) ☺( ) ☹( )			(1) 吧台台面清理 ☺( ) ☺( ) ☹( ) (2) 器具的清洁度 ☺( ) ☺( ) ☹( )			(1) 吧台台面清理 ☺( ) ☺( ) ☹( ) (2) 器具的清洁度 ☺( ) ☺( ) ☹( )		
工作态度	热情认真的工作态度	☺( )	☺( )	☹( )	☺( )	☺( )	☹( )	☺( )	☺( )	☹( )
团队精神	(1) 团队协作能力 (2) 解决问题的能力 (3) 创新能力	☺( ) ( ) ( )	☺( ) ( ) ( )	☹( ) ( ) ( )	☺( ) ( ) ( )	☺( ) ( ) ( )	☹( ) ( ) ( )	☺( ) ( ) ( )	☺( ) ( ) ( )	☹( ) ( ) ( )
综合评价	☺( ) ☺( ) ☹( )									

任务二 **拿铁咖啡的制作**

　　年轻的心是怎样的？浪漫、单纯，同时善变，想过简单的生活，做想做的事，所以拿铁(Latte)是这种心情的最佳代言。拿铁是意大利文"Latte"的音译，意大利浓缩咖啡与牛奶融合的香甜浓郁，神秘而迷人。

　　具体工作任务

- 拿铁咖啡制作前的准备；
- 拿铁咖啡的制作过程。

活动一▶ 制作拿铁咖啡前的准备

信息页 制作拿铁咖啡所需器具用品及原料

一、认识拿铁咖啡

　　"我不在咖啡馆，就在去咖啡馆的路上"，这是一位音乐家在维也纳说出来的。维也纳的空气里，永远都飘荡着音乐和拿铁咖啡的味道。

　　拿铁咖啡是由浓缩咖啡与热鲜奶按一定比例调制而成的。浓缩咖啡号称咖啡的灵魂，包含3个层面的享受：香浓的泡沫、醇厚的浓度与浓郁的精华。为了保持刚酿制出来的浓缩咖啡的绝对新鲜，咖啡大师十分专注且迅速地将它倒入一份准备好的热鲜奶中，再于顶端覆上一层精致的鲜奶泡沫，令这杯拿铁像豪华牛奶与咖啡的浪漫夜曲一样迷人。

　　第一个把牛奶加入咖啡中的，是维也纳人柯奇斯基，他也是在维也纳开设第一家咖啡馆的人。这是1683年的故事了。这一年，土耳其大军第二次进攻维也纳。当时的维也纳皇帝奥博德一世与波兰国王奥古斯都二世订有攻守同盟，波兰人只要得知这一消息，增援大军就会迅速赶到。但问题是，谁来突破土耳其人的重围去给波兰人送信呢？曾经在土耳其游历的维也纳人柯奇斯基自告奋勇，以流利的土耳其话骗过围城的土耳其军队，跨越多瑙河，搬来了波兰军队。奥斯曼帝国的军队虽然骁勇善战，但在波兰大军和维也纳大军的夹击下，还是仓皇退却了，走时在城外丢下了大批军需物资，其中就有500袋咖啡豆。但是维也纳人不知道这是什么东西，只有柯奇斯基知道这是一种神奇的饮料。于是他请求把这500袋咖啡豆作为突围求救的奖赏，并利用这些战利品开设了维也纳首家咖啡馆——蓝瓶子。开始的时候，咖啡馆的生意并不好。原因是，当地人喜欢连咖啡渣一起喝下去；另外，他们也不太适应这种浓黑焦苦的饮料。于是聪明的柯奇斯基改变了配方，过滤掉咖啡渣并加入大量牛奶——这就是如今咖啡馆里常见的拿铁咖啡的原创版本。

拿铁咖啡是一种利用比重原理造成层次变化，以增加视觉效果的咖啡。首先将果糖和牛奶混合，以增加牛奶的比重；然后用咖啡兑和形成黑白分明的两层，酝酿出一种曼妙的视觉效果；继而加上少许奶泡，形成珍珠白、咖啡褐与象牙白的渐变层次感，给人一种高雅浪漫的温馨感觉。

二、制作拿铁咖啡所需器具用品及原料

1. 器具准备(如图3-2-1所示)

美式咖啡机　　　　　　　电动研磨机　　　　　　　奶泡器

拉花缸　　　　　　　量杯和吧勺　　　　　　爱尔兰玻璃杯

图3-2-1　器具准备

(1) 奶泡器：也称奶泡壶、手动奶泡器、提拉奶盅，它由杯体、活塞装置、通孔盖体、杆体组成。通过抽动中间的拉杆将全脂鲜奶打成丰富细腻的奶泡，是制作拿铁、卡布基诺的必备工具。

(2) 拉花缸：由拉花嘴(也称奶嘴)、杯体、把手组成。市面上常见的拉花缸有大、中、小3种，容积分别为10oz、8oz、4oz。材质方面，国产为铁皮，进口为不锈钢制作。

(3) 吧勺：柄长约25cm，一边为匙一边为叉，中间呈螺旋状。通常用于制作分层咖啡，当液体密度相差不大时，可利用吧勺中间的螺旋状进行液体的引流，以此减缓对已有液面的冲击，使制作出的花式咖啡的分层更加明显美观。

2. 原料准备(如图3-2-2所示)

全脂鲜奶

果糖

黑咖啡

图3-2-2　原料准备

(1) 全脂鲜奶：是指未经过脱脂处理的牛奶，适用于咖啡制作。当牛奶打发成奶泡时，正是脂肪完成了对空气的有效支撑，并使泡沫质地细腻、湿润，充满光泽。而且全脂牛奶口感丰富、厚重顺滑，大大提升了味蕾区的脂肪感受阈值，令人更加惬意。

(2) 果糖：是最甜的单糖，它提炼自各种水果和谷物，是一种全天然、甜味浓郁的新糖类，因不易导致高血糖，也不易产生脂肪堆积，更不会产生龋齿而被更多人所认识。

(3) 黑咖啡：可以采用多种方法制作，此处我们选择美式咖啡机来制作黑咖啡。想想美式咖啡机是如何使用的？

?2任务单　准备拿铁咖啡的制作

任务内容	名称/用途/制作方法
器具准备	准备： (1) 美式咖啡机 (2) 电动研磨机 (3) 奶泡器 (4) 拉花缸 (5) 量杯和吧勺 (6) 爱尔兰玻璃杯
原料准备	挑选： 深度烘培咖啡豆 讨论(任选一题)： (1) 如何通过咖啡豆的外观来判断咖啡豆的烘培度 (2) 选择深度烘培咖啡豆的优势是什么

(续表)

任务内容	名称/用途/制作方法
用美式咖啡机制作咖啡	回顾: (1) 装水入水箱 (2) 将滤纸(或滤网)放在过滤器上 (3) 放入咖啡粉 (4) 打开机身上的开关 (5) 咖啡液流入容器,完成咖啡的萃取过程 (6) 关闭开关

活动二 ▶ 拿铁咖啡的制作过程

信息页 ▶ 拿铁咖啡的制作过程

一、用奶泡壶制作手工奶泡(如图3-2-3所示)

图3-2-3 用奶泡壶制作手工奶泡

(1) 将牛奶倒入奶泡壶中,分量不要超过奶泡壶的1/2,否则制作的时候牛奶会因为膨胀而溢出来。

(2) 将牛奶加热到50℃左右,但是不可以超过70℃,否则牛奶中的蛋白质结构会被破坏。

(3) 将盖子与滤网盖上,快速抽动滤网将空气压入牛奶中,抽动的时候不需要压到底,因为是要将空气打入牛奶中,所以只要在牛奶表面动作即可;次数也无须太多,轻轻地抽动30下左右即可。

(4) 移开盖子与滤网,用汤匙将表面粗大的奶泡刮掉,留下绵密的热奶泡。

二、拿铁咖啡的制作过程(如表3-2-1所示)

表3-2-1 拿铁咖啡的制作过程

拿铁咖啡的制作步骤	图片
用美式咖啡机制作黑咖啡： (1) 装水入注水口 (2) 将滤纸(或滤网)放在过滤器上 (3) 放入咖啡粉 (4) 打开美式咖啡机的开关 (5) 咖啡液流入容器，完成咖啡的萃取过程 (6) 关闭开关	
加热鲜奶，倒入奶泡器中打奶泡。将最上层的粗奶泡刮掉后，倒入玻璃杯中至杯体的2/3处，然后注入1oz的糖浆	
将咖啡缓缓注入高脚杯，形成黑白分层	
清理台面： 吧台干净整洁，器具无污渍无异味	

?任务单 拿铁咖啡的制作

任务内容	名称/用途/制作方法
细腻的奶泡准备 黑咖啡准备	准备： (1) 开启美式咖啡机，萃取咖啡 (2) 准备奶泡器 (3) 打发奶泡
制作拿铁咖啡	制作： 请按照正确的步骤操作，制作出一款香甜浓郁的拿铁咖啡

(续表)

任务内容	名称/用途/制作方法
制作冰拿铁咖啡	拓展练习： 制作冰拿铁咖啡 制作方法： (1) 制作适量的黑咖啡 (2) 将鲜凉奶倒入打泡器中打奶泡 (3) 将奶泡最上层的粗奶泡刮去，注入爱尔兰冰咖啡杯中，约为杯体的2/3处即可 (4) 将1oz的糖浆注入爱尔兰冰咖啡杯中 (5) 在爱尔兰冰咖啡杯中放入3～4块冰块 (6) 缓缓注入冰咖啡 提示：一杯拿铁冰咖啡就做好了，晃动一下杯子，你能看到杯中的液体在跳舞吗？所以，拿铁咖啡也叫跳舞咖啡

任务评价

任务二　拿铁咖啡制作评价表

评价项目	评价内容	个人评价			小组评价			教师评价		
操作前的准备工作	(1) 服务员的个人素质 (2) 准备的器具及材料	☺ ( ) ( )	☺ ( ) ( )	☹ ( ) ( )	☺ ( ) ( )	☺ ( ) ( )	☹ ( ) ( )	☺ ( ) ( )	☺ ( ) ( )	☹ ( ) ( )
操作过程	拿铁咖啡操作规范	☺ ( )	☺ ( )	☹ ( )	☺ ( )	☺ ( )	☹ ( )	☺ ( )	☺ ( )	☹ ( )
成品欣赏	(1) 拿铁咖啡外形美观，形成黑白分层效果 (2) 拿铁咖啡的味道及口感	(1) 外形美观 ☺ ( ) ☺ ( ) ☹ ( ) (2) 咖啡味道(用强、中、弱表示) 苦( )香( ) 酸( )甘( )			(1) 外形美观 ☺ ( ) ☺ ( ) ☹ ( ) (2) 咖啡味道(用强、中、弱表示) 苦( )香( ) 酸( )甘( )			(1) 外形美观 ☺ ( ) ☺ ( ) ☹ ( ) (2) 咖啡味道(用强、中、弱表示) 苦( )香( ) 酸( )甘( )		
操作结束工作	(1) 清理吧台台面要求 (2) 器具清洁要求	(1) 吧台台面清理 ☺ ( ) ☺ ( ) ☹ ( ) (2) 器具的清洁度 ☺ ( ) ☺ ( ) ☹ ( )			(1) 吧台台面清理 ☺ ( ) ☺ ( ) ☹ ( ) (2) 器具的清洁度 ☺ ( ) ☺ ( ) ☹ ( )			(1) 吧台台面清理 ☺ ( ) ☺ ( ) ☹ ( ) (2) 器具的清洁度 ☺ ( ) ☺ ( ) ☹ ( )		

(续表)

评价项目	评价内容	个人评价			小组评价			教师评价		
工作态度	热情认真的工作态度	☺ ( )	☺ ( )	☹ ( )	☺ ( )	☺ ( )	☹ ( )	☺ ( )	☺ ( )	☹ ( )
团队精神	(1) 团队协作能力 (2) 解决问题的能力 (3) 创新能力	☺ ( )	☺ ( )	☹ ( )	☺ ( )	☺ ( )	☹ ( )	☺ ( )	☺ ( )	☹ ( )
综合评价	☺ ( ) ☺ ( ) ☹ ( )									

任务三 维也纳咖啡的制作

工作情境

身陷舒适柔软的沙发，任时光静静地流逝，让浪漫的情绪一同融入，一杯香醇可口的维也纳咖啡——不要搅拌，享受冰凉的奶油，品尝烫热的咖啡，体验柔和爽口，顺滑却微苦，静静享受杯中的快乐。

具体工作任务

- 维也纳咖啡制作前的准备；
- 维也纳咖啡制作的过程。

活动一 制作维也纳咖啡前的准备

信息页 制作维也纳咖啡所需器具用品及原料

一、维也纳咖啡的来历

每一款咖啡都有一个动人的故事，维也纳咖啡也不例外。

故事发生在一个纸醉金迷的年代，维也纳的富人们过着奢华的生活，活动的荣耀是他们社会地位的外在表现。每晚舞场里的水晶灯都金灿灿地闪烁着光芒，伴着那悠扬的乐曲，曼妙的身影开始舞动。华尔兹，一种只要不停跳下去就会回到起点的舞蹈，身边的舞伴会不停地变换，形形色色的人出现在身边然后离开，而舞者也在不停旋转，直至疲惫了退出为止。舞场是热闹的，是香汗淋漓的，而这种气氛似乎只属于特定的人，对于门外的他一切都是那么遥远，遥远到触不可及，遥远到只能远远地观望，观望着他那高贵的女主人。她有着雍容华贵的外表、甜美悦耳的声音，每当她跳起华尔兹他都能听到她的喜悦。人总是会累的，她终究会回到他的身边，坐上他驾驶的马车回家。他只是车夫，每次他都耐心地等候她。陪她跳舞的人换了一个又一个，唯独没有他的位置，而陪伴着他的只有一杯咖啡。车夫喝的那杯咖啡依据地名叫维也纳咖啡，所以，维也纳咖啡的物语是独自等待。

二、制作维也纳咖啡所需器具用品及原料

1. 器具准备(如图3-3-1所示)

半自动咖啡机　　　　　意式专业研磨机　　　　　奶油枪

咖啡杯

图3-3-1　器具准备

目前市面上比较常见的咖啡杯有陶器制杯、瓷器制杯、骨瓷制杯，其中含有动物骨灰的骨瓷制杯因其保温效果更好，所以价格较前两种更高。

咖啡液的颜色呈琥珀色，为了将其更好地呈现出来，最好选用杯体内部为白色的咖啡杯。

2. 原料准备(如图3-3-2所示)

鲜奶油　　　　　巧克力七彩米　　　　　巧克力糖浆　　　　　黑咖啡

图3-3-2　原料准备

(1) 巧克力七彩米：又称巧克力针，是由可可脂、食用色素等制成，用来装饰巧克力、蛋糕、点心等一类食品，可以起到调色、美化、增强食欲等效果的食品调剂。

(2) 巧克力糖浆：也称巧克力涂料，它价格便宜，并且本身已经是液体，因此不需要加热融化，使用较方便，一般用在咖啡、冰激凌或蛋糕等甜品上，使得甜品口感更加香醇。

任务单　准备制作维也纳咖啡

任务内容	名称/用途/制作方法
器具准备	准备： (1) 半自动咖啡机 (2) 意式专业研磨机 (3) 奶油枪 (4) 咖啡杯
原料准备	挑选： (1) 鲜奶油 (2) 巧克力七彩米 (3) 巧克力糖浆 (4) 黑咖啡
用半自动咖啡机萃取咖啡	回顾： (1) 打开半自动咖啡机电源开关，预热煮制手柄及咖啡杯 (2) 按中细度研磨咖啡豆，并将研磨好的咖啡粉倒入填压器内 (3) 将7g咖啡粉装入煮制手柄，将磨粉机的压柄用中等力度压一下，以便水能够均匀地通过 (4) 咖啡机完全预热后，将装好咖啡粉的填压器扣住咖啡机萃取口，按下煮制钮 (5) 放好杯子，按萃取开关 (6) 按键后开始计时，22～28秒便可结束萃取过程。此时杯中将有约为1.5oz的咖啡液

活动二 维也纳咖啡的制作过程

信息页 维也纳咖啡的制作过程(如表3-3-1所示)

表3-3-1　维也纳咖啡的制作过程

维也纳咖啡的制作步骤	图片
用咖啡机制作黑咖啡	
在温热的咖啡杯中撒上薄薄一层砂糖或细冰糖,将冲调好的咖啡倒于杯中,约8分满	
在咖啡上面以旋转的方式加入发泡鲜奶油	
淋上适量的巧克力糖浆,撒上七彩米,附糖包	
清理台面: (1) 清理、维护机器,以备下次使用 (2) 器具清洁,无污渍无异味 (3) 清理台面,干净整齐	

任务单　维也纳咖啡的制作

任务内容	名称/用途/制作方法
奶油枪准备 黑咖啡准备	准备: (1) 准备好所有器具 (2) 安装好奶油枪 (3) 准备所需的咖啡豆 (4) 制作一杯黑咖啡

(续表)

任务内容	名称/用途/制作方法
制作维也纳咖啡	制作： 请按照正确的步骤、规范的动作完成维也纳咖啡的制作
制作薄荷咖啡 	拓展练习： 制作薄荷咖啡 制作方法： (1) 制作一杯黑咖啡 (2) 加入发泡鲜奶油 (3) 将薄荷糖浆淋在鲜奶油上

任务评价

任务三　维也纳咖啡制作评价表

评价项目	评价内容	个人评价			小组评价			教师评价		
操作前的准备工作	(1) 服务员的个人素质 (2) 准备的器具及材料	☺( ) ( ) ( )	☺( ) ( ) ( )	☹( ) ( ) ( )	☺( ) ( ) ( )	☺( ) ( ) ( )	☹( ) ( ) ( )	☺( ) ( ) ( )	☺( ) ( ) ( )	☹( ) ( ) ( )
操作过程	维也纳咖啡操作规范	☺( )	☺( )	☹( )	☺( )	☺( )	☹( )	☺( )	☺( )	☹( )
成品欣赏	(1) 维也纳咖啡外形美观 (2) 维也纳咖啡的味道及口感	(1) 外形美观 ☺( )　☺( )　☹( ) (2) 咖啡味道(用强、中、弱表示) 苦( )香( ) 酸( )甘( )			(1) 外形美观 ☺( )　☺( )　☹( ) (2) 咖啡味道(用强、中、弱表示) 苦( )香( ) 酸( )甘( )			(1) 外形美观 ☺( )　☺( )　☹( ) (2) 咖啡味道(用强、中、弱表示) 苦( )香( ) 酸( )甘( )		
操作结束工作	(1) 清理吧台台面要求 (2) 器具清洁要求	(1) 吧台台面清理 ☺( )　☺( )　☹( ) (2) 器具的清洁度 ☺( )　☺( )　☹( )			(1) 吧台台面清理 ☺( )　☺( )　☹( ) (2) 器具的清洁度 ☺( )　☺( )　☹( )			(1) 吧台台面清理 ☺( )　☺( )　☹( ) (2) 器具的清洁度 ☺( )　☺( )　☹( )		
工作态度	热情认真的工作态度	☺( )	☺( )	☹( )	☺( )	☺( )	☹( )	☺( )	☺( )	☹( )

(续表)

评价项目	评价内容	个人评价			小组评价			教师评价		
		☺	😐	☹	☺	😐	☹	☺	😐	☹
团队精神	(1) 团队协作能力 (2) 解决问题的能力 (3) 创新能力	( ) ( ) ( )	( ) ( ) ( )	( ) ( ) ( )	( ) ( ) ( )	( ) ( ) ( )	( ) ( ) ( )	( ) ( ) ( )	( ) ( ) ( )	( ) ( ) ( )
综合评价	☺ ( )　　😐 ( )　　☹ ( )									

任务四　摩卡咖啡的制作

工 作 情 境 🔍

　　喜欢摩卡咖啡，香浓的巧克力、丝滑的牛奶、香醇的咖啡融合得如此完美，品味之后有着挥之不去的芳香。

具体工作任务

- 摩卡咖啡制作前的准备；
- 摩卡咖啡的制作过程。

活动一　制作摩卡咖啡前的准备

信息页　制作摩卡咖啡所需器具用品及原料

一、认识摩卡咖啡

　　摩卡咖啡(Cafe Mocha)是一种最古老的咖啡，由意大利浓缩咖啡、巧克力酱、鲜奶油和牛奶混合而成，如图3-4-1所示。摩卡咖啡的名字起源于位于也门的红海海边小镇摩卡。这个地方在15世纪时垄断了咖啡的出口贸易，对销往阿拉伯半岛区域的咖啡贸易有着极大的影响。来自也门的摩卡是一种巧克力色的咖啡豆，这让人产生了在咖啡中混入巧克力的联想，并且发展为非常经典的巧克力浓缩咖啡饮料。

图3-4-1　摩卡咖啡

摩卡咖啡与布雷卫、康宝蓝、玛奇朵等咖啡都是由意式浓缩咖啡作基底，加入不同比例的牛奶或奶油制作而成。摩卡咖啡是意式浓缩咖啡加入牛奶、鲜奶油、巧克力酱；布雷卫咖啡是意式浓缩咖啡加入半牛奶和奶泡；康宝蓝咖啡是意式浓缩咖啡加入鲜奶油；玛奇朵咖啡是意式浓缩咖啡加入奶泡、糖浆。

二、制作摩卡咖啡所需器具用品及原料

1. 器具准备(如图3-4-2所示)

摩卡壶　　　　　电磁炉　　　　　奶油枪　　　　拉花缸　　　　咖啡杯

图3-4-2　器具准备

2. 原料准备(如图3-4-3所示)

鲜奶油　　　　　　　巧克力酱　　　　　　黑咖啡

图3-4-3　原料准备

任务单　准备摩卡咖啡的制作

任务内容	名称/用途/制作方法
器具准备	准备： 写出名称并准备 (1) (2) (3) (4) (5)
原料准备	挑选： 写出名称并准备 (1) (2) (3)
用摩卡壶制作咖啡	回顾： (1) 准备过滤好的软水，以每杯30ml计算，量出所需的水量，将水倒入咖啡壶的下壶 (2) 将咖啡粉滤器(滤网)放入下壶中，倒入咖啡粉 (3) 取一张滤纸沾湿，平铺于咖啡下壶壶口表面 (4) 将上壶置于下壶上方，小心锁紧，放在加热器上，开始加热 (5) 在加热过程中，会听到快速的"嘶嘶"声，这是蒸汽带着咖啡冲到上壶的声音，一旦转为"啵啵"声，就可能表示下壶的水已经全部变成咖啡了 (6) 将煮好的咖啡倒入杯中即可

活动二 摩卡咖啡的制作过程

信息页 摩卡咖啡的制作过程(如表3-4-1所示)

表3-4-1　摩卡咖啡的制作过程

摩卡咖啡的制作步骤	图片
用摩卡壶制作黑咖啡	

(续表)

摩卡咖啡的制作步骤	图片
在杯中加入适量的巧克力酱，将浓缩咖啡和牛奶倒入杯中7分满处	
在咖啡上面以旋转的方式加入发泡鲜奶油	
挤上奶油后淋上巧克力酱即可	
清理台面： (1) 器具清洁，无污渍无异味 (2) 清理台面，干净整齐	

?? 任务单　亲自制作摩卡咖啡

任务内容	名称/用途/制作方法
奶油枪准备 黑咖啡准备	准备： (1) 用奶油枪制作发泡奶油 (2) 用摩卡壶制作黑咖啡
制作摩卡咖啡	制作： (1) 制作黑咖啡 (2) 在杯中加入适量的巧克力酱，将浓缩咖啡和(　　)倒入杯中7分满处 (3) 在咖啡上面以旋转的方式加入发泡(　　) (4) 挤上奶油后淋上巧克力酱即可 (5) 清理台面 ① ②

（续表）

任务内容	名称/用途/制作方法
制作冰摩卡咖啡 	拓展练习： 制作冰摩卡咖啡 制作方法： (1) 在玻璃杯内放入半杯冰块，再倒入约20g的巧克力酱 (2) 倒入约150cc的全脂牛奶，搅拌均匀 (3) 倒入约30cc的意式浓缩咖啡，挖1球冰激凌放在最上面，淋上巧克力酱

任务评价

任务四　摩卡咖啡制作评价表

评价项目	评价内容	个人评价			小组评价			教师评价		
操作前的准备工作	(1) 服务员的个人素质 (2) 准备的器具及材料	☺（ ）	☺（ ）	☹（ ）	☺（ ）	☺（ ）	☹（ ）	☺（ ）	☺（ ）	☹（ ）
操作过程	摩卡咖啡操作规范	☺（ ）	☺（ ）	☹（ ）	☺（ ）	☺（ ）	☹（ ）	☺（ ）	☺（ ）	☹（ ）
成品欣赏	(1) 摩卡咖啡外形美观	(1) 外形美观 ☺（ ）　☺（ ）　☹（ ）			(1) 外形美观 ☺（ ）　☺（ ）　☹（ ）			(1) 外形美观 ☺（ ）　☺（ ）　☹（ ）		
	(2) 摩卡咖啡的味道及口感	(2) 咖啡味道(用强、中、弱表示) 苦( )香( ) 酸( )甘( )			(2) 咖啡味道(用强、中、弱表示) 苦( )香( ) 酸( )甘( )			(2) 咖啡味道(用强、中、弱表示) 苦( )香( ) 酸( )甘( )		
操作结束工作	(1) 清理吧台台面要求	(1) 吧台台面清理 ☺（ ）　☺（ ）　☹（ ）			(1) 吧台台面清理 ☺（ ）　☺（ ）　☹（ ）			(1) 吧台台面清理 ☺（ ）　☺（ ）　☹（ ）		
	(2) 器具清洁要求	(2) 器具的清洁度 ☺（ ）　☺（ ）　☹（ ）			(2) 器具的清洁度 ☺（ ）　☺（ ）　☹（ ）			(2) 器具的清洁度 ☺（ ）　☺（ ）　☹（ ）		
工作态度	热情认真的工作态度	☺（ ）	☺（ ）	☹（ ）	☺（ ）	☺（ ）	☹（ ）	☺（ ）	☺（ ）	☹（ ）

(续表)

评价项目	评价内容	个人评价			小组评价			教师评价		
团队精神	(1) 团队协作能力 (2) 解决问题的能力 (3) 创新能力	☺ ( ) ( ) ( )	☺ ( ) ( ) ( )	☹ ( ) ( ) ( )	☺ ( ) ( ) ( )	☺ ( ) ( ) ( )	☹ ( ) ( ) ( )	☺ ( ) ( ) ( )	☺ ( ) ( ) ( )	☹ ( ) ( ) ( )
综合评价	☺ ☺ ☹ ( ) ( ) ( )									

皇家咖啡的制作

任务五

工作情境

喜欢皇家咖啡，源于它的高贵，当蓝色的火焰舞起，白兰地的香醇混合着方糖的焦香，再加上浓浓的咖啡香，法式的浪漫情怀尽在唇齿间荡漾。

具体工作任务

- 皇家咖啡制作前的准备；
- 皇家咖啡的制作过程。

活动一 制作皇家咖啡前的准备

信息页 制作皇家咖啡所需器具用品及原料

一、皇家咖啡的来历

据说，皇家咖啡是法国皇帝拿破仑最喜欢的咖啡，故以"Royal"为名。拿破仑非常喜欢法国的骄傲——白兰地，喝咖啡的时候也不忘加入。这款咖啡的最大特点是调制时在方糖上淋白兰地酒，饮用时再将白兰地点燃，当蓝色的火苗舞起，白兰地的芳醇与方糖的焦香，再加上浓浓的咖啡香，苦涩中略带着丝丝的甘甜，将法兰西的高傲与浪漫完美地呈现出来。

这是一个酷寒的冬日，士兵们远离了熟悉的国度，来到这个漫天冰雪的世界，即使是饱含着围歼俄军的全部热情也抵挡不了身体的寒冷。拿破仑便将白兰地酒巧妙地融入咖啡，在舞动的蓝色火焰中感受着温暖和香醇。这款咖啡特别适合在夜晚饮用，方糖和美酒燃起的小小火焰映衬着对家乡的思念，也温暖着异乡人的心。

二、制作皇家咖啡所需器具用品及原料

1. 器具准备(如图3-5-1所示)

滤杯滤纸 　　　　皇家咖啡勺 　　　　盘司杯 　　　　咖啡杯

图3-5-1 器具准备

皇家咖啡勺：与其他咖啡勺不同，它多出一个小舌头，目的是架在咖啡杯上起固定作用。

2. 原料准备(如图3-5-2所示)

方糖 　　　　白兰地酒 　　　　黑咖啡

图3-5-2 原料准备

(1) 方糖：是用细晶粒精制砂糖为原料压制成的高级糖产品，它坚固、保存方便、易溶于水，常见的有白色和褐色两种，通常为长方形，但欧美地区方糖的外形更为多样，有梅花、桃心等形状。

(2) 白兰地酒：是用发酵过的葡萄汁液，经过两次蒸馏而成的。最好的白兰地是由不同酒龄、不同来源的多种白兰地勾兑而成的，其酒度在国际上的一般标准是42°～43°。法国是酿制白兰地最闻名的地方，其中以干邑白兰地最为驰名，口味高雅醇和，具有特殊的芳香。人头马、轩尼诗、马爹利和路易十三都是著名的法国白兰地品牌。

📝 **任务单 准备皇家咖啡的制作**

任 务 内 容	名称/用途/制作方法
器具准备	准备： 写出名称并准备 (1) (2) (3) (4)
原料准备	挑选： (1) (2) (3)
用滴滤杯冲泡咖啡	回顾： 滴滤杯冲泡咖啡的过程 (1) 将滤纸折好，装入漏斗中 (2) 用咖啡匙取两匙12～15g的咖啡粉均匀地撒在滤纸上 (3) 将咖啡粉铺平，并在中心处挖一个小洞 (4) 往咖啡粉中心注入数滴热水，然后以绕圈的方式继续注入热水 (5) 第二次注水，继续以相同的水量注入热水 (6) 等咖啡完全滴完 (7) 移开漏斗，冲煮完毕

活动二 ▶ 皇家咖啡的制作过程

信息页 ▶ 皇家咖啡的制作过程(如表3-5-1所示)

表3-5-1 皇家咖啡的制作过程

皇家咖啡的制作步骤	图片
将皇家咖啡勺架在盛有热咖啡的咖啡杯上，将方糖置于皇家咖啡匙上	 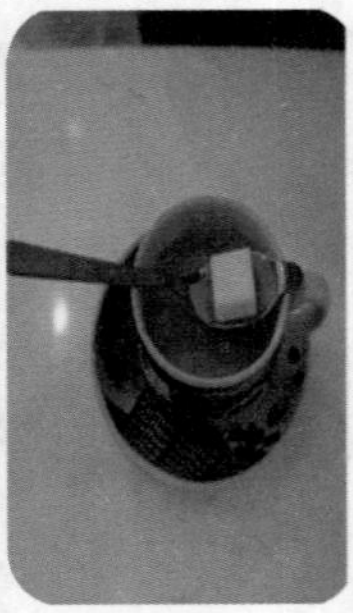

（续表）

皇家咖啡的制作步骤	图片
将0.5oz白兰地酒倒在方糖上，让方糖吸收以便点燃	
用打火机点燃方糖上的白兰地，使其燃烧，燃烧完毕后用皇家咖啡勺在热咖啡中搅拌，此时可根据自己的爱好加入咖啡伴侣	
清理台面： (1) 器具清洁，无污渍无异味 (2) 清理台面，干净整齐	

任务单　制作皇家咖啡

任务内容	名称/用途/制作方法
准备黑咖啡	准备： (1) 准备好所有器具 (2) 用滴滤杯制作一杯黑咖啡
制作皇家咖啡	制作： 请按照正确的步骤、规范的动作完成皇家咖啡的制作
制作不同风格的皇家咖啡	拓展练习： 制作不同风格的皇家咖啡 制作方法： 将咖啡煮好后倒入杯中，再加入鲜奶油，将皇家咖啡勺架在咖啡杯上，放入方糖，在方糖上倒入白兰地酒，为客人进行火焰展示

任务评价

任务五　皇家咖啡制作能力评价表

评价项目	评价内容	个人评价			小组评价			教师评价		
操作前的准备工作	(1) 服务员的个人素质 (2) 准备的器具及材料	☺ ( )	😐 ( )	☹ ( )	☺ ( )	😐 ( )	☹ ( )	☺ ( )	😐 ( )	☹ ( )
操作过程	皇家咖啡操作规范	☺ ( )	😐 ( )	☹ ( )	☺ ( )	😐 ( )	☹ ( )	☺ ( )	😐 ( )	☹ ( )
成品欣赏	(1) 皇家咖啡火焰美观 (2) 皇家咖啡的味道及口感	(1) 外形美观 ☺( ) 😐( ) ☹( ) (2) 咖啡味道(用强、中、弱表示) 苦( )香( ) 酸( )甘( )			(1) 外形美观 ☺( ) 😐( ) ☹( ) (2) 咖啡味道(用强、中、弱表示) 苦( )香( ) 酸( )甘( )			(1) 外形美观 ☺( ) 😐( ) ☹( ) (2) 咖啡味道(用强、中、弱表示) 苦( )香( ) 酸( )甘( )		
操作结束工作	(1) 清理吧台台面要求 (2) 器具清洁要求	(1) 吧台台面清理 ☺( ) 😐( ) ☹( ) (2) 器具的清洁度 ☺( ) 😐( ) ☹( )			(1) 吧台台面清理 ☺( ) 😐( ) ☹( ) (2) 器具的清洁度 ☺( ) 😐( ) ☹( )			(1) 吧台台面清理 ☺( ) 😐( ) ☹( ) (2) 器具的清洁度 ☺( ) 😐( ) ☹( )		
工作态度	热情认真的工作态度	☺ ( )	😐 ( )	☹ ( )	☺ ( )	😐 ( )	☹ ( )	☺ ( )	😐 ( )	☹ ( )
团队精神	(1) 团队协作能力 (2) 解决问题的能力 (3) 创新能力	☺ ( )	😐 ( )	☹ ( )	☺ ( )	😐 ( )	☹ ( )	☺ ( )	😐 ( )	☹ ( )
综合评价	☺ ( ) 😐 ( ) ☹ ( )									

工作情境

卡布基诺(Cappuccino)，意蕴在于它淡淡的牛奶香气，羞涩却又有着较为持久的余韵。咖啡的浓郁，配以润滑绵密的奶泡，牛奶的甘甜伴随咖啡的苦涩，口感香醇，颇有一些汲精敛露的意味。

具体工作任务

- 卡布基诺咖啡制作前的准备；
- 卡布基诺咖啡的制作过程。

活动一 制作卡布基诺咖啡前的准备

信息页 制作卡布基诺咖啡所需器具用品及原料

一、认识卡布基诺咖啡

卡布基诺一词起源于1525年意大利的圣芳济教会。教会的修士身穿褐色道袍，头戴一顶尖尖的白色帽子，当地人觉得圣芳济教会的修士服饰很特殊，就给他们取了"Cappuccino"这个名字，含义是"头巾"。

20世纪初期，意大利发明蒸汽压力咖啡机的同时，也发明了卡布基诺咖啡，即意大利特浓咖啡和蒸汽泡沫牛奶相混合的一款花式咖啡。这款看起来边缘深褐色，又有尖尖奶泡的咖啡，很像圣芳济教会修士的服饰，于是起名为卡布基诺。

1948年，旧金山一家报纸报道了流行于意大利的这款卡布基诺咖啡，从此它就成为一款耳熟能详的经典咖啡。

传统的卡布基诺咖啡是由1/3浓缩咖啡、1/3蒸汽牛奶和1/3泡沫牛奶混合而成的。

二、制作卡布基诺咖啡所需器具用品及原料

1. 器具准备(如图3-6-1所示)

半自动咖啡机　　意式专业研磨机　　奶泡缸　　填压器　　磕渣盒

咖啡杯

图3-6-1　器具准备

提示：卡布基诺杯的标准量在200cc。

2. 原料准备(如图3-6-2所示)

盒装全脂纯牛奶　　意大利综合咖啡豆

图3-6-2　原料准备

任务单　准备制作卡布基诺咖啡

任务内容	名称/用途/制作方法
器具准备	准备： (1) 半自动咖啡机 (2) 意式专业研磨机 (3) 奶泡缸 (4) 填压器 (5) 磕渣盒 (6) 咖啡杯

(续表)

任务内容	名称/用途/制作方法
原料准备	挑选： (1) 盒装全脂纯牛奶 (2) 意大利综合咖啡豆
半自动咖啡机萃取咖啡	回顾： (1) 打开咖啡机电源开关，预热煮制手柄及咖啡杯 (2) 将意大利综合咖啡豆放入意式专业研磨机，刻度盘调至1的位置，研磨咖啡豆，并将研磨好的咖啡粉装入填压器内 (3) 将研磨好的咖啡粉装入煮制手柄，用填压器水平压好煮制手柄内的粉，注意粉饼的平整和压粉的力度 (4) 咖啡机完全预热后，将装好咖啡粉的煮制手柄扣住咖啡机萃取口，按下煮制钮 (5) 放好杯子，按萃取开关 (6) 按键后开始计时，18～22秒便可结束萃取过程。此时杯中将有1～1.5oz的Espresso

活动二 卡布基诺咖啡的制作过程

信息页 卡布基诺咖啡的制作过程(如表3-6-1所示)

表3-6-1 卡布基诺咖啡的制作过程

卡布基诺咖啡的制作步骤	图片
使用半自动咖啡机制作Espresso	
用奶泡缸打奶泡的方法： (1) 将冷藏的全脂鲜牛奶倒入奶泡缸，大概于奶泡缸一半的位置 (2) 将蒸汽管打开，喷一下蒸汽后关闭，这是为了预热喷气管，然后把蒸汽管拉到咖啡机的边缘位置	 冰镇好的全脂鲜牛奶

(续表)

卡布基诺咖啡的制作步骤	图片
	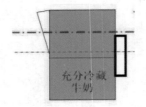 牛奶倒至奶泡缸蓝色虚线位置  将蒸汽管拉出

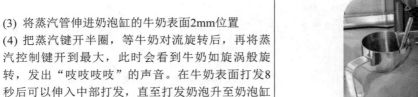

(3) 将蒸汽管伸进奶泡缸的牛奶表面2mm位置

(4) 把蒸汽键开半圈，等牛奶对流旋转后，再将蒸汽控制键开到最大，此时会看到牛奶如旋涡般旋转，发出"吱吱吱吱"的声音。在牛奶表面打发8秒后可以伸入中部打发，直至打发奶泡升至奶泡缸的9成满即可

(5) 打完奶泡后，用干净的湿毛巾立即仔细擦洗蒸汽管以及蒸汽喷头。方法是：先用湿布仔细地将喷头、喷管上的牛奶擦拭干净，然后将蒸汽管推入机器内侧，开一下蒸汽，把残留在喷头的牛奶喷出，防止堵塞蒸汽管

提示：

(1) 打发后的牛奶温度不能超过70℃，打发时间一般在15秒；打奶泡要一气呵成；打出来的蒸汽奶泡有质感，浓稠柔滑，有适度的厚重感，如同黏稠的奶油一般

(2) 蒸汽管的喷头开始伸进牛奶时，位置要合适，太深会将牛奶迅速加热而不产生奶泡；太浅则会让牛奶表面迅速形成巨大泡沫

(3) 打奶泡过程中，当蒸汽管伸入奶泡缸中部时，旋涡的形态不变，"吱吱吱吱"的声音会减弱

 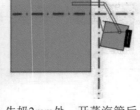

将蒸汽管摆好位置，伸入牛奶2mm处，开蒸汽管后可以看到牛奶如旋涡般旋转，发出"吱吱吱吱"的声音

 牛奶用蒸汽打发后状态

打好的奶泡在奶泡缸的八九成位置

(续表)

卡布基诺咖啡的制作步骤	图片
打好的奶泡表面如有粗奶泡，可用勺子刮掉。用勺子在奶泡缸口稍作阻挡状，将牛奶倒入盛有Espresso的咖啡杯的2/3位置处	
将奶泡缸在桌面上快速旋转，使奶泡缸里的奶泡成为湿奶泡，用勺子将奶泡舀到咖啡上，填满剩余的1/3，咖啡边缘要留出咖啡油脂的棕褐色圆圈；最后在奶泡的中间位置撒上少许肉桂粉即可	
清理台面： (1) 清理、维护机器，以备下次使用 (2) 器具清洁，无污渍无异味 (3) 清理台面，干净整齐	

?? 任务单　卡布基诺咖啡的制作

任务内容	名称/用途/制作方法
器具及原料准备 Espresso准备	准备： (1) 准备好所有器具 (2) 准备好所有原料 (3) 将咖啡豆放入意式专业咖啡机，调到标准研磨度 (4) 咖啡杯温杯及制作一杯Espresso
制作卡布基诺咖啡	制作： (1) 按照打奶泡的步骤用奶泡缸打奶泡 (2) 按照规范的动作完成卡布基诺咖啡的制作
制作心形卡布基诺咖啡	拓展练习： 制作心形卡布基诺咖啡 提示：心形卡布基诺咖啡是咖啡拉花基础的一种。咖啡拉花就是用打好的绵密奶泡通过摆动奶缸的方法在咖啡液面描绘出漂亮的图案，洁白的奶泡和咖啡交相辉映，在咖啡杯内形成一道独特的风景

(续表)

任务内容	名称/用途/制作方法
制作心形卡布基诺咖啡 	制作方法： (1) 奶泡：绵密细致，厚重  (2) 做一杯Espresso (3) 将奶泡在桌上快速旋转成湿奶泡后，将奶泡轻慢地注入稍稍倾斜并装有Espresso的咖啡杯中，使奶泡和Espresso基底充分混合到咖啡杯1/3 的位置  (4) 奶泡缸放低在原处开始左右均匀摆动，呈"一"字形运动，奶泡和咖啡开始随着摆动形成波纹  (5) 图案线条呈水波纹方式向外推动形成图形图案  (6) 将咖啡杯同时慢慢放正，当融合至9分满时，奶泡缸停在原处使图形图案收出缺口 (7) 奶泡缸向前迅速拉动，勾画出心形的尾巴，使心形图案成型  提示：拉花过程中最为关键的是，注入奶泡时一定要尽量慢，做到均匀平稳，倒出的奶泡量不要忽大忽小，开始和收尾时要干脆，以使图案轮廓分明清晰

知识拓展 ## 你想成为一名优秀的咖啡技师吗

那就请你参加咖啡拉花的比赛吧！下面主要介绍最基本的大赛要求和标准，仅供参考。

一、比赛的内容

（1）参赛选手根据现场提供的意式半自动咖啡机1台、咖啡豆研磨机1台及原料(大赛指定咖啡豆和牛奶)等，在30分钟内完成竞赛出品(一般大赛时间设定30分钟，最终以大赛规程为准)。

（2）竞赛时间包含几分钟准备，准备时间结束后，现场提示进入几十分钟制作(一般30分钟内，具体时间分配由评委会决定)。

（3）咖啡师要认真审阅大赛规定(出品要求、数量等)，比如，成品咖啡：一组为Espresso意式浓缩咖啡2杯，另一组为基础图形制作咖啡4或6杯。

（4）制作咖啡的要求。

① 制作过程的规范要求。

② 风味品尝咖啡。拉花造型图案的咖啡，要求出品图案及口味保持一致，达到稳定出品标准。

③ 基础图形制作咖啡要求。比如，拉花造型为"压纹桃心"图案的拿铁咖啡，压纹桃心层数至少达到6层，要求出品图案保持一致，达到稳定出品标准。

④ 根据本大赛要求去认真领会和操作练习。

二、比赛现场的物品准备

比赛现场的物品准备(一个选手操作台的物品)，如表3-6-2所示。

表3-6-2　比赛现场的物品准备

序号	工具/食材名称	型号、规格、数量	图片
1	商用意式咖啡机(双头)	产品规格、尺寸，蒸汽锅炉、咖啡锅炉1、咖啡锅炉2，机器水泵，机器重量，组委会指定机器的标准	
2	商用磨豆机(半自动)	产品规格、尺寸、构造，不锈钢磨盘，规定瓦数的低速直流马达，组委会指定机器的标准	
3	粉锤	1个 规格由组委会定	
4	转角垫(放置粉锤)	1个	
5	粉渣盒	1个	

(续表)

序号	工具/食材名称	型号、规格、数量	图片
6	冲煮头清洁刷	1个	
7	大赛指定咖啡豆	600g	
8	大赛指定牛奶	适量	
9	意式浓缩咖啡杯	比赛需要配置 1盎司	
10	拿铁咖啡杯	比赛需要配置 300ml	
11	拉花缸	4或6个 规定容量大小，可按要求自带	
12	电子秤	1个 比赛专用	
13	温度计	1个 比赛专用	
14	计时器	1个 比赛专用	
15	剪刀	1个 比赛专用	
16	刻度量杯	1个 1000ml	
17	吧台抹布	至少5块 颜色要有区分	
18	吧台用纸	1包 比赛专用	
19	垃圾盒	1个 比赛专用	

三、比赛的评判标准

(1) 原料用量适宜，安全合理，无浪费行为。机器设备操作合理，用具及器皿清洁卫生、干净整洁。

(2) 操作规范有序、流程合理、制作流畅，废弃物处理妥当。

(3) 个人卫生符合要求，操作台面干净整洁，注重安全、节能降耗。

(4) 遵守赛场纪律和规定。

(5) 成品容量适中，无溢出或不足；奶沫气泡均匀，泛有光泽，质感柔和丝滑；油脂与奶沫色泽纯正，对比度明显。

(6) 成品温度在60～65℃之间最佳。

(7) Espresso意式浓缩咖啡侧重评判充分萃取、油脂色泽、厚度及香气。

(8) 风味品尝咖啡侧重评判口感印象及口味平衡度和拉花图形。

(9) 基础图形制作咖啡侧重评判压纹桃心纹路的清晰度、图案对称度、大小比例及位置。

(10) 出品干净整洁，符合卫生要求。

四、咖啡拉花比赛项目的评分标准(如表3-6-3所示)

表3-6-3 咖啡拉花比赛项目的评分标准

项目	评分要点	评分标准
仪容仪表	卫生规范	着装干净整洁，个人卫生符合行业规范，佩戴参赛证及口罩
比赛前准备	操作规程	(1) 原料、工具等物品按要求摆放，工具使用得当，无卫生及重大安全隐患，重在参与、安全第一 (2) 遵守比赛规则，听从现场指挥，操作流程规范有序
	原料使用	(1) 原材料使用合理，注意咖啡豆和奶的用量，不要浪费 (2) 废弃物处理妥当，操作台保持整洁
	准备时间	(1) 5～10分钟内完成准备阶段(根据大赛规定) (2) 按大赛要求在准备时间内完成相应任务，比如：2杯Espresso意式浓缩咖啡 (3) 调试机器和检查咖啡机安全等问题，比如：调节咖啡粉的粗细度 (4) 为出咖啡成品做好充分的准备
技术部分	意式浓缩咖啡	(1) 加咖啡粉前清洁/擦干冲煮手柄，正确使用咖啡机冲煮头 (2) 磨豆机的正确使用，磨豆/加粉过程中没有散落和浪费 (3) 正确、一致地加粉和填压 (4) 清洁冲煮手柄(扣上机头前) (5) 立即冲煮，注意拿取杯子的熟练程度，不要出现杯子碰撞的声响 (6) 萃取程度(过度、不足、正常) (7) 油脂的色泽(榛子色、深褐色、微红色等) (8) 油脂的厚度/持久度 (9) 油脂的香气(香味的浓郁程度) (10) 萃取的时间(依据大赛要求)

(续表)

项目	评分要点	评分标准
技术部分	奶沫	(1) 清空/清洁奶缸(可在比赛一开始时做)，准备好牛奶，以节省时间、动作连贯 (2) 打奶沫前空喷蒸汽管 (3) 打奶沫后清洁蒸汽管 (4) 打奶沫后空喷蒸汽管
	拉花	(1) 奶沫厚度/持久度/细腻度 (2) 花色纹路清晰度 (3) 动作娴熟度、舒适度
感官部分	成品	(1) 出品的容量(适中) (2) 油脂与奶沫的颜色对比度(图形明显程度) (3) 成品温度(60～65℃适中) (4) 成品奶沫厚度(5～10mm适中) (5) 口味平衡度(牛奶/浓缩咖啡的平衡) (6) 奶沫的视觉质感(柔和奶油般的质感、发亮程度，无气泡) (7) 图形对称度、大小比例及位置(杯中图形对称、图形大小适中、杯把方向) (8) 口感印象(酸苦甜平衡、口感顺滑、淡薄程度适中)
比赛结束	清理操作台	操作区域整洁有序，礼貌示意裁判比赛完成

经过以上学习，可以初步了解参赛前要做什么和应该怎样做，希望同学们努力拼搏，争取赛出好成绩！未来的咖啡师在向你招手。

任务评价

任务六　卡布基诺咖啡制作评价表

评价项目	评价内容	个人评价			小组评价			教师评价		
操作前的准备工作	(1) 服务员的个人素质 (2) 准备的器具及材料	☺ ( )	☺ ( )	☹ ( )	☺ ( )	☺ ( )	☹ ( )	☺ ( )	☺ ( )	☹ ( )
操作过程	卡布基诺咖啡操作规范	☺ ( )	☺ ( )	☹ ( )	☺ ( )	☺ ( )	☹ ( )	☺ ( )	☺ ( )	☹ ( )
成品欣赏	(1) 卡布基诺咖啡外形美观	(1) 外形美观 ☺ ( ) ☺ ( ) ☹ ( )			(1) 外形美观 ☺ ( ) ☺ ( ) ☹ ( )			(1) 外形美观 ☺ ( ) ☺ ( ) ☹ ( )		

(续表)

评价项目	评价内容	个人评价	小组评价	教师评价
成品欣赏	(2) 卡布基诺咖啡的味道及口感	(2) 咖啡味道(用强、中、弱表示) 苦( )香( ) 酸( )甘( )	(2) 咖啡味道(用强、中、弱表示) 苦( )香( ) 酸( )甘( )	(2) 咖啡味道(用强、中、弱表示) 苦( )香( ) 酸( )甘( )
操作结束工作	(1) 清理吧台台面要求 (2) 器具清洁要求	(1) 吧台台面清理 ☺ ☺ ☹ ( ) ( ) ( ) (2) 器具的清洁度 ☺ ☺ ☹ ( ) ( ) ( )	(1) 吧台台面清理 ☺ ☺ ☹ ( ) ( ) ( ) (2) 器具的清洁度 ☺ ☺ ☹ ( ) ( ) ( )	(1) 吧台台面清理 ☺ ☺ ☹ ( ) ( ) ( ) (2) 器具的清洁度 ☺ ☺ ☹ ( ) ( ) ( )
工作态度	热情认真的工作态度	☺ ☺ ☹ ( ) ( ) ( )	☺ ☺ ☹ ( ) ( ) ( )	☺ ☺ ☹ ( ) ( ) ( )
团队精神	(1) 团队协作能力 (2) 解决问题的能力 (3) 创新能力	☺ ☺ ☹ ( ) ( ) ( ) ( ) ( ) ( ) ( ) ( ) ( )	☺ ☺ ☹ ( ) ( ) ( ) ( ) ( ) ( ) ( ) ( ) ( )	☺ ☺ ☹ ( ) ( ) ( ) ( ) ( ) ( ) ( ) ( ) ( )
综合评价	☺ ☺ ☹ ( ) ( ) ( )			

咖啡厅服务

在咖啡厅，咖啡师为客人做出的甜美咖啡，还需要由服务员送到客人面前，为客人提供优质服务，也为咖啡厅带来更好的经济效益。

咖啡厅服务流程

准备 → 迎宾 → 领位 → 点单 → 饮品

收台 ← 送客 ← 结账 ← 席间服务 ← 饮品

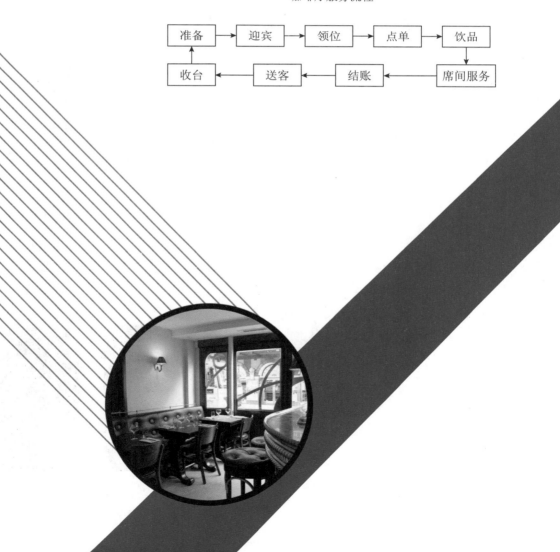

任务一 迎宾服务

工作情境

咖啡厅在接待宾客前，要做好营业前的准备工作。其好坏对营业后的工作是否顺利有着重要的影响。

具体工作任务

- 咖啡厅营业前的准备工作；
- 咖啡厅迎宾服务。

活动一 咖啡厅营业前的准备工作

信息页 咖啡厅营业前的准备工作

一、服务员(咖啡师)的个人准备

服务员(咖啡师)在接待顾客前必须做到以下两点。

1. 形象得体

服务员(咖啡师)应热爱本职工作，充满热情和活力，形象良好，举止大方，口齿清晰。举止不佳的服务员(咖啡师)会对咖啡厅整体消费气氛的营造产生负面影响。服务员给客人留下的第一印象(甚至可能是永久的印象)是通过其外表形成的，这种印象应该是正面的。无论什么样的制服，都是职业精神的一种标志，应当干净、利落、崭新整齐。穿戴得体是咖啡厅工作人员必须做到的第一点。

服务员(咖啡师)仪态仪表的要求如下。

(1) 头发梳理整齐，如图4-1-1、图4-1-2所示。

(2) 指甲修剪干净，不涂指甲油，牙齿清洁，如图4-1-3所示。

(3) 服装合体，鞋靴擦亮、无破损，如图4-1-4所示。

图4-1-1　　　　　图4-1-2

| 图4-1-3 | 图4-1-4 |

2. 熟悉业务

咖啡厅的服务员既是咖啡师又是服务员,两种身份是完全融合统一的。服务员(咖啡师)应该有良好的服务意识,应全面了解咖啡营业场所提供的经营项目及其特点、价格,并熟记在心,以便于详细而熟练地为顾客进行介绍。服务员(咖啡师)还必须掌握与咖啡相关的理论知识,了解常见咖啡豆的特性等。

二、环境布置

良好的店面设计(如图4-1-5所示),不仅美化了咖啡厅,更重要的是能给消费者留下美好的印象,起到招徕顾客、扩大销售的作用。整体布局既要符合经营需要,又要满足顾客消费的需求。如工作区和服务区要合理划分,工作区要有足够的咖啡沏泡的操作空间,并且要便于顾客结账;服务区要宽敞,留有客人或服务员走动的空间。

图4-1-5

在咖啡厅营业的准备工作中,卫生是头等重要的,因为它可以直观地表现出该餐饮场所的服务质量,同时体现出对客人的重视程度。所以,为使咖啡厅按要求进入优质服务的工作状态,应认真清洁、布置、整理咖啡厅的地面、椅子、桌子、布件、餐具等设施及物品,使之达到清洁、美观、整齐、完备无缺的标准。应做到"三清两不留",即桌面清、地面清、工作台清,服务区内不留食物、不留垃圾,且桌椅归位。

三、餐桌布置

1. 摆台准备

(1) 摆台准备的物品：台卡、纸巾盒、糖缸等。

(2) 物品的要求：应保持干净、完整无损。

2. 铺台布的要求

(1) 桌面要干净，如有台布，应干净无污渍，其正面朝上铺在桌面上。

(2) 台布的中心折印应该统一方向，通常对着入口处。

(3) 铺台布的操作步骤，如表4-1-1所示。

表4-1-1　铺台布的操作步骤

铺台布的操作步骤	图片
抖台布——站在桌子的一端，双手将台布向两侧拉开	
拢台布——双手拇指和食指捏住台布，收拢于前身，身体略前倾	
撒台布——双手将台布沿桌面迅速用力推出，同时双手捏住台布边角不要松开	
台布定位——台布铺在桌面上之后，要调整台布的中心位置，四周下垂部分要均匀	

3. 桌面物品的摆放标准(如表4-1-2所示)

表4-1-2 桌面物品的摆放标准

桌面物品的摆放标准	图片
四方桌: 台卡、纸巾盒并列靠桌边摆放,且尽量不要放到客人通道一边	
圆桌: 台卡、纸巾盒并列摆放在桌子的中心	
长方桌: 台卡、纸巾盒并列靠桌边摆放,且尽量不要放到客人通道一边	

提示:纸巾盒以正面面向客人为准

4. 营业中的"翻台"

营业中,如客人较多,可能会连续接待几批顾客而需要"翻台"。"翻台"要求迅速而不毛躁,用餐客人离开后,应马上清理台面,迎接新一批客人。"翻台"更换台布时,不应裸露桌面或把任何物品(清洁或用过的)放置于椅子上。记住,永远不应使客人坐在不洁净的桌台边。

5. 撤换台布的标准(如表4-1-3所示)

表4-1-3 撤换台布的标准

撤换台布的标准	图片
把桌上所用过的杯、盘碟和餐巾,放入托盘中(托盘不应放在桌面上)	

(续表)

撤换台布的标准	图片
把所有应摆放在台面上的台卡、纸巾盒、糖缸等用品移到要撤换的台布上	
折叠已用过台布的一侧，然后把干净的台布放置于桌子上空出的一侧。向桌子的中央展开干净的桌布，并把它铺展到用过的台布附近	
把所有应摆放的物品移回到干净的台布上，把新台布全部展开。按照要求摆放好所有物品	

任务单　咖啡厅营业前的准备工作

任务内容	名称/用途/制作方法
餐桌布置(实操)	试试看： 1. 摆台准备 (1) 摆台准备的物品：_____糖缸等 (2) 物品的要求：应保持_____、完整_____ 2. 桌面物品的摆放标准 (1) 四方桌：_____ (2) 圆桌：_____ (3) 长方桌：_____ (4) 纸巾盒：_____

(续表)

任务内容	名称/用途/制作方法
营业中的"翻台"(实操)	做做看： 按照标准来做一下 撤换台布的标准： (1) 把桌上所用过的杯、盘碟和餐巾，放入托盘中(托盘不应放在桌面上) (2) 把所有应摆放在台面上的台卡、纸巾盒、糖缸等用品移到要撤换的台布上 (3) 折叠已用过台布的一侧，然后把干净的台布放置于桌子上空出的一侧 (4) 向桌子的中央展开干净的桌布，并把它铺展到用过的台布附近 (5) 把所有应摆放的物品移回到干净的台布上 (6) 把新台布全部展开 (7) 按照要求摆放好所有物品

活动二 ▶ 咖啡厅迎宾服务

信息页 ▶ 咖啡厅迎宾服务

迎送宾客是接待服务中不可缺少的环节。热情友好的迎宾，能使客人的心理需求得到满足而产生美好的第一印象；周到礼貌的送客，能给客人留下长远的美好记忆，使整个接待工作有始有终、圆满周密，取得良好的效果。

一、服务语言

在迎送宾客时，要注意自己的语气、语调、语速、声音及服务用语。迎宾的好坏将直接影响顾客对咖啡厅的第一印象。当客人进店时，负责接待的咖啡师要面向客人，微笑相迎，亲切问候。一个微笑，一句问候，往往可以减轻初次见面的拘束感和陌生感。所以，迎接客人时，要把握一定的技巧，以感染客人，使之产生宾至如归的感觉。在问候客人或与其交谈时，语气要委婉柔和，语调要轻柔舒缓，声音要圆润、自然悦耳，音量适中，语速适度，既不能过缓，又不能过快。送客时要热情相送，送上体贴关怀的话语，如"请穿好您的外衣，外面天冷，小心着凉，欢迎您下次再来"，让客人有温暖的感觉。

在迎送客人时，还要特别注意对残疾人的服务，在语言上要特别注意，如对腿部残疾的客人在送客时不要说"请您慢走"等这一类的话语。

二、服务仪态

1. 表情

表情的自然流露是心理活动和思想情绪的展示，在人际交往中能起到很重要的作用。

(1) 微笑(如图4-1-6、图4-1-7所示)

微笑是人际交往中最富有吸引力、最有价值的面部表情。微笑的含义是接纳对方、热情友善。对服务员(咖啡师)而言，微笑服务不仅是自身较高的文化素质和礼貌修养的体现，更是对客人尊重与热情的体现。服务就要从微笑开始。

微笑是打开心灵的钥匙，是人际交往的桥梁。所以微笑要发自内心，始终如一。微笑服务要贯穿咖啡服务的全过程，应做到：领导在场和不在场一个样；陌生人和熟人一个样；外地的和本地的一个样；内宾和外宾一个样；来的都是客，宾客至上，一视同仁，这也是服务员(咖啡师)应有的职业道德。微笑要恰到好处。

我们提倡微笑服务，但遇到具体问题时还要灵活处理，把握好度，所谓过犹不及，超过了一定的度也许会适得其反。也就是说，具体运用时必须注意服务对象的具体情况，及时调整影响微笑的不良情绪。由于客人层次、修养、性格各异，有些客人也许会有过激的言行；有时服务员(咖啡师)也会因为心情不好而忽略微笑，影响服务质量。针对这些情况，服务员(咖啡师)应学会调整心态，运用服务技巧，用自信、稳重的微笑征服客人。

图4-1-6　　　　　　　　　　图4-1-7

(2) 目光(如图4-1-8、图4-1-9所示)

目光是最具有表现力的一种体态语言。

① 在迎送客人时要注意用坦然、亲切、友好、和善的目光正视客人的眼睛，并让眼睛说话，从眼神中流露出对客人的欢迎和关切之意。

② 不能东张西望、漫不经心，也不能用俯视或斜视的目光迎接客人，应与客人的视线平齐，以示专心致志和尊重。

③ 切忌死盯着客人的眼睛或身体的某一部分，这样极不礼貌。同时还应注意善于从

顾客的眼神中发现其需求，并主动提供服务，以免错过与客人沟通的机会。

眼睛是心灵的窗户，笑容和目光是服务员(咖啡师)面部表情的核心，抓住了这些，迎送工作就会充满活力。

图4-1-8 图4-1-9

2. 行礼及手势

迎送时还要注意自身仪态是否正确，主要包括两个要素：行礼及手势。

(1) 行礼

在客人进门时，应主动为其开门，并问好。行礼前要目视对方，行礼时要双腿并拢，男士双手放在身体两侧，女士双手合起放在体前，以腰为轴向前俯身，面带微笑，表示欢迎，并退步做"请进"手势。

(2) 手势

手势是一种动态的无声体态语言，能够传达丰富的感情。规范的手势为五指并拢伸直，掌心向上，手掌平面与地面成45º角。手掌与手臂成直线，肘关节弯曲140º，手掌指示方向时，以肘关节或肩关节为轴，上体稍向前倾，以示尊重，如图4-1-10所示。

3. 迎送的其他要求

(1) 在接待客人时，不可把手插于衣兜里或抱着胳膊、倒背着手等。

(2) 与客人道别时应恭立行礼，送上"欢迎下次光临"之类的道别语，送客人离去以后再回头，如图4-1-11所示。

图4-1-10

(3) 同时有几位客人进门时，要做到对每一位客人都热情接待，切记不可冷遇任何一位客人。

(4) 营业时间快结束时，不能马虎待客，更应礼貌周到。

(5) 随时观察客人的反应，有需求时及时提供服务。

图4-1-11

三、迎宾服务标准(如图4-1-12、图4-1-13所示)

(1) 迎客走在前,送客走在后,客过要让路,同走不抢道。这是服务员(咖啡师)在迎送宾客时应掌握的最基本的礼貌常识。

(2) 客人初来,对咖啡厅的环境不熟悉,服务员(咖啡师)应礼貌迎客,并走在前,引领客人入座。

(3) 用亲切而恰当的问候语向客人打招呼,了解客人有无预约。

图4-1-12   图4-1-13

任务单 咖啡厅迎宾服务礼仪

任务内容	名称/用途/制作方法
服务仪态(礼仪实操)	练练看: 按照要求及标准练习 1. 表情 (1) 微笑 (2) 目光 2. 行礼及手势 (1) 行礼 (2) 手势

(续表)

任务内容	名称/用途/制作方法
迎宾服务标准	做做看： 按照标准做一下 (1) 迎客走在前，送客走在后，客过要让路，同走不抢道。这是服务员(咖啡师)在迎送宾客时应掌握的最基本的礼貌常识 (2) 客人初来，对咖啡厅的环境不熟悉，服务员(咖啡师)应礼貌迎客，并走在前，引领客人入座 (3) 用亲切而恰当的问候语向客人打招呼，了解客人有无预约

任务评价

任务一　咖啡厅迎宾服务评价表

评价项目	评价内容	评价			建议
		☺	😐	☹	
工作态度	热情认真的工作态度				
团队精神	(1) 团队协作能力				
	(2) 解决问题的能力				
	(3) 创新能力				
咖啡厅迎宾服务	(1) 咖啡厅营业前的准备工作				
	(2) 咖啡厅迎宾服务				
综合评价	☺ (　)　😐 (　)　☹ (　)				

接待服务　任务二

工作情境

服务员(咖啡师)的接待服务是留给客人的第一印象，是对客服务中关键的第一步，要让客人感受到热情、亲切和真诚。

具体工作任务

- 咖啡厅引领入座服务；
- 咖啡厅点单服务。

活动一 咖啡厅引领入座服务

信息页 咖啡厅引领入座服务

一、引领服务

1. 引领服务要求

(1) 当客人来到咖啡厅时，迎宾员要面带微笑、热情礼貌地问候客人。可说："早上好/晚上好/您好！先生/女士，欢迎光临××咖啡厅。""请问几位？"

(2) 询问客人是否有预订，如已预订，迎宾员应热情地把客人引领到位；如客人尚未预订，立即根据情况为客人安排座位。

(3) 引领时可以询问客人姓名，以便于称呼客人。

(4) 协助客人存放衣物，提示客人保管好贵重物品。

2. 引领服务标准

(1) 在引领客人时，应在客人左前方1m左右的距离行走，并不时回头示意客人。

(2) 碰到转角或台阶，要目示客人，并以手势表示方向，对客人说"请往这边走""请注意台阶"之类的提示语。手势要求规范适度，在给客人指引大致方向时，应将手臂自然弯曲，手指并拢，掌心向上，以肘关节为轴，指向目标，动作幅度不要过大过猛，同时眼睛要引导客人向目标望去。

(3) 尽量使整个程序流畅，自始至终做到笑容可掬、语言诚恳、礼貌周到、有礼有节、亲切随和，以增加客人的好感。

二、入座服务

1. 入座服务要求

(1) 一般情况下，一张桌子只安排同一批的客人就座。

(2) 先到的客人应尽量安排在靠窗口或靠门区域的餐位，让窗外、门外的行人看见，以便招徕客人。

(3) 年轻的情侣喜欢被安排在风景优美并安静的地方，不受打扰。

(4) 服饰讲究、着装华丽的客人可以渲染咖啡厅的气氛，可以将其安排在本厅中引人注目的地方。

(5) 行动不便的老年人或残疾人应尽可能安排在靠本厅门口的地方，可避免过多走动；而且残疾人应尽量安排在靠边的位置，以挡住其残疾部位。

(6) 吵吵嚷嚷的大批客人应尽量安排在本厅的包房或本厅靠里面的地方，以避免干扰其他客人。

(7) 为带孩子的客人主动提供便携服务(例如儿童椅)，并保证其安全。

(8) 对带宠物来本厅的客人，应婉言告诉客人宠物不能带进本厅。

2. 入座服务标准(如表4-2-1所示)

表4-2-1 入座服务标准

入座服务标准	图片
服务员(咖啡师)站在椅背的正后方，双手握住椅背的两侧，后退半步的同时，将椅子向后拉半步	
右手做"请"的手势，示意客人入座	
在客人即将坐下的时候，双手扶住椅背的两侧，用右腿抵住椅背，手脚配合将椅子轻轻往前送，使客人不用自己挪动椅子便能恰到好处地入座	
待客人入座后，应为客人送上一杯清水，供客人清理口腔内的杂味，收敛味蕾，以便能更好地品味咖啡饮品。一般来说，所呈上的是冰水，如果客人有特殊要求，应按客人的要求调整水温	

🕮 任务单　试试咖啡厅引领入座服务

任务内容	名称/用途/制作方法
引领服务(礼仪实操)	练练看： 按照标准来练练 引领服务标准： (1) 服务员(咖啡师)在引领客人时，应在客人左前方1m左右的距离行走，并不时回头示意客人 (2) 碰到转角或台阶，要目示客人，并以手势表示方向，对客人说"请往这边走""请注意台阶"之类的提示语。手势要求规范适度。在给客人指引大致方向时，应将手臂自然弯曲，手指并拢，掌心向上，以肘关节为轴，指向目标，动作幅度不要过大过猛，同时眼睛要引导客人向目标望去 (3) 尽量使整个程序流畅，自始至终做到笑容可掬、语言诚恳、礼貌周到、有礼有节、亲切随和，以增加客人的好感
入座服务(礼仪实操)	做做看： 按照标准来做一下 入座服务标准： (1) 服务员(咖啡师)站在椅背的正后方，双手握住椅背的两侧，后退半步的同时，将椅子拉后半步 (2) 右手做"请"的手势，示意客人入座 (3) 在客人即将坐下的时候，双手扶住椅背的两侧，用右腿抵住椅背，手脚配合将椅子轻轻往前送，使客人不用自己挪动椅子便能恰到好处地入座 (4) 待客人入座后，应为客人送上一杯清水，供客人清理口腔内的杂味，收敛味蕾，以便能更好地品味咖啡饮品。一般来说，所呈上的是冰水，如果客人有特殊要求，应按客人的要求调整水温

活动二▶ 咖啡厅点单服务

信息页▶ 咖啡厅点单服务

点单服务流程：

递送菜单→问候客人→接受点单→填写点单→介绍推销饮品→记录内容要求→唱单。

一、点单服务要求

服务员(咖啡师)应随时注意宾客要点单的示意，适时地递上菜单。递送的菜单应干净无污损。一份好的菜单可以充分展示一个咖啡厅的优势和特点，可以成为咖啡厅与客人建立一种默契关系的媒介物，可以引导客人消费最有利润或特别的咖啡饮品。一份成功的菜单应具备如下特点：用词精练，重点突出，叙述正确，让客人有充分选择的余地，拼写正确，印制精美。递送菜单时要注意态度恭敬。不可将菜单往桌上一扔或是随便塞给客人，不等客人问话即一走了之，这是很不礼貌的举动。如果男女客人在一起用餐，应将菜单先给女士；如果很多人在一起用餐，最好将菜单给主宾，然后按逆时针方向绕桌送上菜单。客人考虑点单时，服务员(咖啡师)不要催促，要耐心等待宾客点菜，集中精力，随时准备记录。这样既不失礼貌，又可以体现出咖啡厅想客人之所想、满足客人之要求的良好服务特色。

二、点单服务标准(如表4-2-2所示)

表4-2-2　点单服务标准

点单服务步骤	点单服务标准	图片
递送菜单	在迎宾服务中，迎宾员(也可以是值台服务员)递上菜单(详见迎宾服务)	
问候客人	(1) 礼貌问候客人，如"晚上好，先生。很高兴为您服务"等 (2) 介绍自己，如"我是服务员××"等 (3) 询问客人是否可以点单，如"请问您今天点哪一款咖啡"等	
接受点单	为客人点单时，一般要站在客人的左侧或站立在一边。然而，当客人超过4位时，特别是在长方形桌台前，可能要移向不同的位置以便更清楚地听到客人的要求。身体略向前倾，认真倾听客人的叙述，得到主宾首肯后，从女宾开始点单，最后为主人点单 1. 点单服务要点 (1) 客人看完菜单后，征询主宾意见，得到明确答复后按规范依次接受客人点单 (2) 根据客人的心理需求尽力向客人介绍特色饮品、招牌饮品、畅销饮品等 (3) 客人的点单上应注明是否有特殊要求，如不要肉桂粉、不加糖等 (4) 为了进行良好的推销，应注意观察，熟悉菜单，了解客人的需求，主动提供信息和帮助，不能强行推销 (5) 点单完毕后，应重复客人所点饮品，以确认点单正确无误 (6) 许多咖啡厅有时由本厅领班或高级服务员(咖啡师)为客人点单，以提供优质服务 2. 点单服务方法 (1) 程序点单法：是指按先饮品后甜点的程序进行 (2) 推荐点单法：是指向客人推荐店内的招牌饮品、特色饮品、经典饮品、创新饮品等	

（续表）

点单服务步骤	点单服务标准	图片
填写点单	点单一式三联：一联交收银员，二联由收银员盖章交传吧台，三联服务员自留或放在客人餐桌上以备核查。现在也有部分饭店的点单一式两联：一联服务员留底，另一联交收银台，由收银台计算机联网传至吧台 点单的填写要求如下： (1) 要填写台号、人数、服务员的姓名和日期 (2) 正确填写名称和数量 (3) 空行用笔画掉 (4) 如有特殊要求，要在点单上注明 (5) 饮品和点心分单填写，以便吧台分类准备和操作	
介绍推销饮品	1. 介绍菜单常用咖啡 根据客人需要为其做好参谋，按菜单内容向其介绍咖啡饮品。一般咖啡菜单以拼配咖啡、单品咖啡、花式咖啡或冰咖啡和热咖啡等形式出现。常见的咖啡品名有：意大利特浓咖啡(ESPRESSO COFFEE)；卡布基诺咖啡(CAPPUCCINO COFFEE)；拿铁咖啡(COFFEE LATTE)；康宝蓝咖啡(ESPRESSO CONPANNA COFFEE)；玛奇雅朵(ESPRESSO MAECHIATO COFFEE)；贵妇人咖啡(COFFEE QUEEN)；维也纳咖啡(VIENNA COFFEE)；皇家咖啡(ROYAL COFFEE)；爱尔兰咖啡(IRISH COFFEE)；巴西咖啡(BRAZIL SANTOS COFFEE)；哥伦比亚咖啡(COLOMBIA COFFEE)；摩卡咖啡(MOCHA COFFEE)；蓝山咖啡(JAMAICAN BLUE MOUNTAIN COFFEE)；曼特宁咖啡(INDONESIAN SUMATRAN MANDHELING COFFEE)；美式咖啡(AMERICAN COFFEE)；法式咖啡(FRENCH ROAST COFFEE)；冰咖啡(ICED COFFEE)；碳烧咖啡(SUMIYAKI COFFEE)。各店的菜单一般会根据具体情况有所调整 2. 介绍菜单的要求 首先要熟悉菜单，对客人所点的饮品要做到了如指掌： (1) 注意观察，根据客人的消费需求和消费心理，向客人推销、推荐本厅的招牌菜、特色饮品、畅销饮品、高档饮品等，介绍饮品时要作适当的描述和解释 (2) 必要时对客人所点的饮品和甜点的搭配提出合理化建议。如有些饮品制作时间略长时，应向客人提醒说明 (3) 提供信息和建议，询问特殊要求 (4) 注意礼貌用语，尽量使用描述性、选择性、建设性语言，不可强迫客人接受	

(续表)

点单服务步骤	点单服务标准	图片
记录内容要求	(1) 清楚准确地记录不同客人所点的饮品，避免混淆 (2) 注意身体姿势，不可将点单放在桌子上填写	
唱单	(1) 复述客人所点饮品，请客人确认所点饮品是否还有其他特殊要求 (2) 服务人员收回菜单，并向客人表示"请稍等"，或告之大约等待的时间 (3) 迅速下单，内容填写齐全，及时分别送至吧台、收银台	

?? 任务单　试试咖啡厅点单服务

任务内容	名称/用途/制作方法
咖啡厅点单服务(实操)	试试看： 按照标准来做一下 点单服务标准： (1) 递送菜单 (2) 问候客人 (3) 接受点单 (4) 填写点单 (5) 介绍推销饮品 (6) 记录内容要求 (7) 唱单

任务评价

任务二　咖啡厅接待服务评价表

评价项目	评价内容	评价			建议
		☺	😐	☹	
工作态度	热情认真的工作态度				
团队精神	(1) 团队协作能力				
	(2) 解决问题的能力				
	(3) 创新能力				

(续表)

评价项目	评价内容	评价			建议
		😊	😐	😞	
咖啡厅接待服务	(1) 咖啡厅引领入座服务				
	(2) 咖啡厅点单服务				
综合评价	😊 ( ) 😐 ( ) 😞 ( )				

任务三 席间服务

工作情境🔍

席间服务也是对客服务的关键之一，是贴近客人的关键服务，也是给咖啡厅带来经济效益的重要因素。

具体工作任务

● 咖啡厅席间服务；

● 咖啡厅结账服务。

活动一 咖啡厅席间服务

信息页 咖啡厅席间服务

一、咖啡饮品上桌的操作要求

(1) 席间服务，咖啡饮品上桌前，先使用服务用语"您好"或"打扰一下"。

(2) 清理台面，上桌时应示意客人所点咖啡饮品名称（"您的……"），如不清楚谁点的哪种饮品，可先询问。

(3) 如有长者或小孩应先上他们所点的饮品。

(4) 一般从客人左侧上饮品，将咖啡杯的杯把、咖啡勺柄朝向客人的右手边(各咖啡厅咖啡杯的杯把和咖啡勺自定)。

(5) 操作时须把托盘展开，以免影响客人。

(6) 一切就绪后，左手托盘，使用手势及服务用语("请慢用"等)，如图4-3-1所示。

(7) 上完饮品后，随机撤后一步，再转身离开。

(8) 离开时将托盘背面贴近身边，用手臂夹带着行走即可。

图4-3-1

二、席间服务要求

席间服务时，要勤巡视，并细心观察客人的表情及需求，主动提供服务。此外，还需注意以下几点。

(1) 保持桌面整洁，切忌在更换的过程中发出太大声音。

(2) 客人席间离座时，应主动帮助拉椅；待客人回座时应重新拉椅，其坐下时向里稍推，以方便客人站立和入座。

(3) 客人加单后，要及时撤去用完的杯具。可撤收的标准：以饮品喝完见杯底为准。使用服务用语："您好！请问用完的杯具可以撤了吗？"

(4) 客人呼唤时若不能马上过去服务，应及时回应："好的，请稍等！"

(5) 如不小心将饮品打翻，要镇定，以免引起客人不必要的惊慌，应根据情况适时地使用服务用语以缓和气氛，并及时把现场清理干净。

?》任务单 试试咖啡厅席间服务

任务内容	名称/用途/制作方法
咖啡饮品上桌(实操)	练练看： 按照标准来练练 咖啡饮品上桌的操作要求：
席间服务(实操)	试试看： 按照标准来做一下 席间服务： 席间服务要求

活动二 **咖啡厅结账服务**

信息页 咖啡厅结账服务

结账流程：

结账准备→递送账单→收银或将卡送至收银台，找零或还卡后礼貌致谢。

一、结账的要求

服务员在为宾客呈上账单之前要仔细检查，如发现差错应同收银员联系解决。收银台在开账单时，有时可能会出现这样或那样的失误，但如果服务员认真核对了账单，就能及时发现差错。如果客人发现账单有问题，首先会感到服务质量不高，有时还会引起其他疑虑。如果账单出现了问题，应该诚恳地向客人表示歉意，并马上收回账单，到收银台重新核对，或更正，或重开账单，而不应当着客人的面随意涂改账单。账单核实无误后，不要用手直接把账单递给宾客，应将其放在收款盘里或结账夹内。使用收款盘结账时，账单正面朝下，反面朝上，送至宾客面前，表示礼貌和敬意。请客人结账时，也需要讲究方式。如果不看场合与服务对象的具体情况，一味机械地按照服务规程的要求，实行"唱收唱付"，差错率可能会降低，但有时其效果不一定好。例如为客人送上账单时，大声说你们消费了多少元，看似公正无误，但却可能令客人无法忍受。服务员(咖啡师)应学会察言观色、相机行事，如就餐顾客是一对男女，在结账时应将账单交给先生过目。一般应能凭借自己的经验和观察力发现谁是付账者，或者轻声在客人耳边问一声"请问哪位结账"，之后默默地将账单递到客人面前，听凭客人用信用卡或现金结账。

二、结账的标准(如表4-3-1所示)

表4-3-1 结账的标准

结账的步骤	结账的标准	图片
结账准备	(1) 给客人上完饮品后，服务员要到收银台核对账单。当客人要求结账时，请客人稍事等候，立即去收银台取账单 (2) 将账单放入账单夹内，并确保账单夹打开时，账单正面朝向客人，准备好结账用笔	
递送账单	走到结账客人的右侧，打开账单夹上端，左手轻托账单夹下端，递至客人面前，请客人看账单，注意不要让其他客人看到，并说："先生(女士)，这是您的账单，请过目。"	

结账的步骤	结账的标准	图片
收银或将卡送至收银台，找零或还卡后礼貌致谢	1. 现金结账 (1) 客人付现金时，服务员要礼貌地在桌旁当面点清钱款，请客人稍候，将账单及现金送给收银员，核对收银员找回的零钱及账单上联是否正确 (2) 将账单上联、所找零钱及发票夹在结账夹内，返回站在客人右侧，打开账单夹，递送给客人："这是找您的零钱，请点清。"并向客人礼貌致谢 (3) 如客人要求到收银台结账，应礼貌地引领客人到收银台 2. 信用卡结账 (1) 如客人使用信用卡结账，首先确认是否是本店接纳的信用卡，然后请客人稍候，并将信用卡和账单送至收银台 (2) 收银员做好信用卡收据，服务员检查无误后，将收据、账单及信用卡夹在账单夹内，返回站在客人右侧，将账单、收据送给客人，请客人在账单和信用卡收据上签字，并检查签字是否与信用卡上的一致 (3) 将账单第一页、信用卡收据中客人存根页及信用卡递还给客人	
收银或将卡送至收银台，找零或还卡后礼貌致谢	(4) 真诚感谢客人 (5) 将其余卡单送回收银台 3. 签单结账 签单结账适用于住店客人、与饭店签订合同的单位、饭店高层管理人员及饭店的VIP客人等 (1) 如果是住店的客人，要礼貌地要求客人出示房卡 (2) 递上笔，示意客人写清房间号码(或合同单位、姓名等) (3) 客人签好账单后，将账单重新夹在结账夹内，拿起账夹 (4) 真诚地感谢客人 (5) 迅速将账单送交收银员，以查询客人的姓名与房间号码是否相符	

任务单　试试咖啡厅结账服务

任务内容	名称/用途/制作方法
咖啡厅结账服务(实操)	试试看： 按结账标准进行操作 (1) 结账准备 (2) 递送账单 (3) 收银或将卡送至收银台，找零或还卡后礼貌致谢 ① 现金结账 ② 信用卡结账 ③ 签单结账

任务评价

任务三　咖啡厅席间服务能力评价表

评价项目	评价内容	评价			建议
		😊	😐	🙁	
工作态度	热情认真的工作态度				
团队精神	(1) 团队协作能力				
	(2) 解决问题的能力				
	(3) 创新能力				
咖啡厅席间服务	(1) 咖啡厅席间服务				
	(2) 咖啡厅结账服务				
综合评价	😊 （　）　😐 （　）　🙁 （　）				

任务四 送客服务

工作情境

送客服务是对客服务的最后一关，服务员所提供的优质服务能让客人高兴而来满意而归，并期待着再次光临。

具体工作任务

- 咖啡厅送客服务；
- 咖啡厅收台服务。

活动一 咖啡厅送客服务

信息页 咖啡厅送客服务

送客流程：

征询意见→拉椅提醒→致谢道别→送客离开→物品检查。

一、送客服务的要求

在送客过程中，服务人员要做到礼貌、耐心、细致、周全，使宾客满意。

(1) 宾客不想离开时绝不催促，不要做出催促宾客离开的任何举动。

(2) 宾客结账后起身离开时，应主动为其拉开椅子，礼貌地询问他们是否满意："请问您对今天的用餐还满意吗？"

(3) 帮助客人穿戴外衣、提携东西，提醒他们不要遗忘物品，如："先生(女士)，请带好您的随身物品。"同时，迅速检查台面、地面、椅子上有无遗留物品。

(4) 礼貌地向宾客道谢，感谢客人的光临，如："谢谢您，先生/女士！""再见，希望您能再次光临。""谢谢光临，希望下次再为您服务。"

(5) 对于残疾宾客要注意语言的运用。

(6) 要面带微笑地注视宾客离开，或亲自送宾客到店门口。

(7) 礼貌地欢送宾客，并欢迎他们再来。

(8) 遇特殊天气，应有专人安排宾客离店，如亲自将宾客送到饭店门口，下雨时为没带雨具的宾客打伞、扶老携幼、帮助客人叫出租车等，直至宾客安全离开。

二、送客服务的标准(如表4-4-1所示)

表4-4-1 送客服务的标准

送客服务步骤	送客服务的标准	图片
征询意见	客人将要离开时，主动征询意见和建议，做好记录，同时向客人表示感谢	
拉椅提醒	(1) 客人起身准备离开时，主动上前为客人拉开椅子，以方便客人离席行走 (2) 客人起身后，提醒客人带好随身物品 (3) 客人离开座位时，要迅速环视一下客人的位子上是否有遗留物品	

(续表)

送客服务步骤	送客服务的标准	图片
致谢道别	(1) 将客人送至店门口，鞠躬与客人道别，诚恳欢迎客人再次光临，要面带微笑地注视客人离开 (2) 当客人走出门口时，迎宾员或经理再次向客人致谢、道别	
送客离开	(1) 如客人需要坐电梯，应帮助客人按电梯开关，并在电梯到来后，送客人进入电梯，目送客人离开 (2) 入店门口有车道，迎宾员可以帮助客人叫出租车，目送客人离开 (3) 遇到特殊天气，如下雨天，要为没带伞的客人打伞	
物品检查	(1) 送走客人后，立刻回到服务区域，再次检查是否有客人遗留的物品 (2) 如发现有客人遗留物品，应立即追上客人，交到客人手里 (3) 如客人已经离开，要向本店经理汇报并上交物品	

任务单　咖啡厅送客服务

任务内容	名称/用途/制作方法
咖啡厅送客服务(实操)	试试看： 按送客标准进行操作 (1) 征询意见 (2) 拉椅提醒 (3) 致谢道别 (4) 送客离开 (5) 物品检查

活动二▶ 咖啡厅收台服务

信息页▶ 咖啡厅收台服务

一、收台服务具体要求

(1) 待客人离店后，要在不影响其他就餐客人的前提下收拾餐具。

(2) 按4分钟之内清理一桌的标准工作并及时摆台。

(3) 清桌时应注意文明作业，保持动作沉稳，不要损坏杯具物品，也不要惊扰正在用餐的客人。

(4) 清桌时要注意周围的环境卫生，不要将餐纸、杂物和客人剩下的饮品等乱洒、乱扔。

(5) 清桌完毕后，应立即开始规范摆台，尽量减少客人的等候时间。

二、收台服务标准(如表4-4-2所示)

表4-4-2　收台服务标准

收台服务标准	图片
收拾时，左手托盘，右手将杯具分类依次放入托盘内，且尽可能一次将杯具装入托盘内	

(续表)

收台服务标准	图片
迅速将桌面清理干净，将物品摆放整齐，椅子归位，准备接待下一位客人	

?✎ 任务单　试试咖啡厅收台服务

任务内容	名称/用途/制作方法
咖啡厅收台服务(实操)	试试看： 按收台服务标准进行操作 (1) 收拾时，左手托盘，右手将杯具分类依次放入托盘内，且尽可能一次将杯具装入托盘内 (2) 迅速将桌面清理干净，将物品摆放整齐，椅子归位，准备接待下一位客人

任务评价

任务四　咖啡厅送客服务评价表

评价项目	评价内容	评价			建议
		😊	😐	😞	
工作态度	热情认真的工作态度				
团队精神	(1) 团队协作能力				
	(2) 解决问题的能力				
	(3) 创新能力				
咖啡厅送客服务	(1) 咖啡厅送客服务				
	(2) 咖啡厅收台服务				
综合评价	😊 (　) 　　😐 (　) 　　😞 (　)				

营建浪漫咖啡屋

咖啡屋(咖啡馆)既适合聚会也适合独自放松心情,是一天中任何时刻都可以光顾小憩的地方。开家咖啡馆,闻着咖啡香,分享客人的美好心情,还可以通过努力实现自己的梦想,这是多么美好的事!

任务一 了解咖啡馆市场定位、评估适合商圈与地点

工作情境

喜欢去街边的那家咖啡馆，喜欢它二层的阳台，喜欢临街看着街边来往的人群，安静地喝着咖啡，沐浴在夕阳下。

具体工作任务

- 了解咖啡馆的市场定位；
- 评估适合的商圈与地点(市场调研)。

信息页一 了解咖啡馆的市场定位、评估适合的商圈与地点

一、市场定位

咖啡馆是零售行业的一种，属于食的范畴，主要目的却属于乐的范畴，与消费者有着直接的接触。所以，有关咖啡的消费意识和结构变迁，都可以反映到咖啡馆的经营过程中。因此，开咖啡馆要以了解消费者的生活形态以及能够确定消费群体为前提。

选择适合的地点是开咖啡馆的关键，选择了良好且适当的地点，成功率就达到了70%左右。如果选择顾客群体稀少的地方，即使建筑再气派，咖啡陈列再专业，销售额也很难达到预期的效果。

好的地点并不能决定咖啡馆的全部赢利把握性，不但要面临地域内各咖啡馆的竞争，还要面对各种商业的竞争，所以，环境、产品、服务细节都是成功的基础。诸如经营计划、咖啡采购、咖啡开发、存量管理，乃至后勤的商品业务等相关活动，都是要在开咖啡馆前学习、掌握和计划的。也就是说，要开一家成功的咖啡馆，各种要素都要有效地运用与配合。所以在开咖啡馆之前，对于地点的选择、周边群体的消费能力和消费观念的调查、各商家的部署密度、人群的流动量、周边的竞争力以及消费者的变迁风险都要了解和掌握。同时，这些也将成为日后管理和营销方面的基础数据。

二、评估适合的商圈与地点

开设咖啡馆的地段，对于投资经营的成功与否有着密切的关系。在哪里开店，开什么样的店，将直接影响经营业绩。具体选址攻略，如表5-1-1所示。

表5-1-1　选址攻略

选址攻略	说明
要考虑周边的经济环境和消费群体	一个咖啡馆的周边要是没有好的经济环境将是无法生存的。原因很简单，如果周边有1000个群体，大家都是月薪1000～2000元，那么他们是不会经常去品尝咖啡的，而如果周边有500个消费群体，每人月薪在5000元以上，那么咖啡馆的消费空间就有了保证
酒香也怕巷子深	一个好的咖啡馆需要占领一个好位置。如果店面在一个小巷子里，外界的人将难以很快知晓，需要再宣传一段时间，当然，短时间内的低人气将造成一定的损失
停车位要充足	因为充足的停车位可以起到"黏"客人的作用。据调查，约有35%的人会开车去喝咖啡，并且很少是一个人去。如果他们觉得停车比较方便，咖啡也很有特色，便会给咖啡馆做很好的口碑宣传，口口相传的威力不能小看
周边是否有大学、写字楼、小区等	如果有这些配套与设施，就要根据咖啡馆的经营品种有针对性地调整营销战略。例如，大部分写字楼的员工都是中午吃饭，可以推出适当的套餐+咖啡，大学城附近的可以推出情侣套餐和一些冰激凌等
商业旺街是咖啡馆首选	商业旺街往往以历久不衰、久负盛名的优势享誉商界，商业氛围浓厚。更重要的是，经过"新陈代谢"，其周边不断有新的商业项目加盟进来。因此，商业旺街是咖啡馆的首选地址，选地址时可参照以下几点： (1) 位置显眼，十字路口或"L"面直角形转角，"U"面圆形转角处 (2) 商业街、高档写字楼多的地方，可能成为商家与客户谈生意的好去处，也是逛街人士的理想休息地 (3) 公园往往是情侣约会的地点，附近开设的咖啡馆无疑会成为他们的选择之一

🎯 任务单一　做咖啡馆的商圈调查

任务内容	任务要求	图片
位置的选择	你来选择： 根据信息页内容，你决定将咖啡馆开在哪里呢 你的理由：	
面积、停车位和房屋内部要求	你来挑选： (1) 应在100m² 以上 (2) 至少有15个以上的停车位 你的理由：	

(续表)

任务内容	任务要求	图片
地理环境优势了解	你来择优： 附近有众多潜在消费群，如商住楼、大酒店、别墅区、政府机关、高档居住区、饮食街等 你的理由：	
房屋租赁条件要项	你来投资： (1) 一般情况下月房租应控制在100元/m²以内，租赁期达8年以上 (2) 供水在35t以上，供电达100kW以上，排污、排烟管道铺设方便 你的理由：	

信息页二 客户群调研及同行竞争分析

一、消费群体调研——找到自己的顾客群

确定客户群对咖啡馆来说非常重要。客户群的确定，第一要考虑人均收入，第二要考虑受教育程度，第三要考虑周边单位的性质。

通常在进行商圈设定与顾客调研时，下列几个因素是必须考虑的。

(1) 商圈内消费水平的高低。

(2) 顾客的职业类别。

(3) 消费群体年龄层的构成。

(4) 顾客对流行意识的反应。

(5) 顾客的消费特点。

(6) 顾客的家庭收支情况。

通过以上调查与分析，对地址因素基础上的商圈特性有所了解后，就可以利用这些信息去设定，并确切掌握顾客对象了。经营者应针对所选地段的特点，深入分析顾客的特征，根据调查取得的资料(顾客的收入水平、职业属性、年龄层、消费意识等)确定顾客对象，进而根据顾客的消费特点，提供他们所需要的商品与服务。

由于咖啡馆主要从事咖啡的销售，因此，提供给顾客优质的咖啡饮料就是给予顾客最好的服务。其中包含提供消费和产品品质，重点是能否符合顾客的需求。

二、周边竞争调研

不知彼而知己，一胜一负；不知彼不知己，每战必败。咖啡馆的经营者应随时关注竞争者的经营动态及其产品的构成情况，并进行深入的比较与分析，借以占据经营上的有利地位，保证采取比竞争对手更有效的销售策略。

咖啡馆经营者绝不能忽视市场情报，一定要随时掌握最新的相关资料与信息。针对咖啡馆地址的特点与顾客特征，不断地提高产品与服务的质量，增加顾客来店的频率，进而提高咖啡馆的业绩。

三、B地段也能成就咖啡馆的春天

许多人相信只有在黄金地段开店才能稳操胜券，其实这句话只说对了一半。

通常，我们以A级、B级、C级来区分商业地段。以A级的黄金地段来说，房租不是高得离谱，就是有行无市，这也是为何黄金地段的商家都是销售高单价产品的原因所在。许多A级地段的黄金店面，一个月的房租至少要几万元，算算一天要卖出多少咖啡才能打平？这还不包括人事费用和材料折旧费用等。

其实只要经营得法，B级地段也能成就咖啡馆的春天。

咫尺之隔，租金悬殊，这是B级地段的最大优势。创业一族的每分钱都必须花在刀刃上，选在地段偏一点，周围环绕大型住宅区、就业中心或经济开发区的地方，租金的压力就会小很多，生意可能略差一些，但成本的压力也没有那么大。另外就是选择一些二线城镇，虽说咖啡行业刚刚起步，但这种新兴事物的出现，往往会形成一股风潮。这里有一个前提，就是所处的城镇消费必须较发达，容易接受新鲜事物，才有助于增强咖啡文化的宣传效果。

?? 任务单二　做咖啡馆的客户群调研及同行竞争分析

任务内容	任务要求及说明
客户群调研	在进行商圈设定与顾客调研时，下列几个因素是必须考虑的： (1) 商圈内消费水平的高低 (2) 顾客的职业类别 (3) 消费群体年龄层的构成 (4) 顾客对流行意识的反应 (5) 顾客的消费特点 (6) 顾客的家庭收支情况 如何选定咖啡馆的位置，你的理由：
同行竞争分析	你如何看待同行的竞争：

任务评价

任务一　咖啡馆选址能力评价表

评价项目	评价内容	评价			建议
		😊	😐	😟	
工作态度	热情认真的工作态度				
团队精神	(1) 团队协作能力				
	(2) 解决问题的能力				
	(3) 创新能力				
咖啡馆选址	(1) 位置的选择、面积、停车位和房屋内部要求、地理环境优势的了解及房屋租赁条件要项				
	(2) 客户群调研及同行竞争分析				
综合评价	😊　　　😐　　　😟 （　　）　（　　）　　（　　）				

任务二　开设咖啡馆所需资金规划

工作情境

想拥有一家自己的咖啡馆，想就此开启自己的咖啡馆之路，不用太多资金，无须太大面积，只需温馨而典雅。

具体工作任务

- 了解开设咖啡馆所需资金规划。

信息页　开设咖啡馆所需资金规划

一、计算开支

开咖啡馆的期望当然是赢利，前期投入及成本当然是越少越好，无论是自己出资还是其他方式，事先都要做好总投入的预算和规划。

咖啡馆的营业实用面积与装修费用决定了投入成本的多少。开设咖啡馆的初期投入主要包括以下几部分：办理各种营业手续所需的资金，咖啡馆店面房租，装修费用，设备费用，电器费用，水电改造费用，招牌制定及标志印刷品印制费用，器具费用，原材料费用，库存费用，员工服装及培训所需费用，流动资金及营业初期周转资金等。这些都要列入成本投入预算中。

筹措资金的方式有以下几种。

(1) 自有资产与自有资金。

(2) 亲友借款。

(3) 银行抵押贷款。

(4) 融资公司项目融资。

二、创业贷款的申请方式

1. 个人创业贷款

个人创业贷款：是指具有经营能力或已经从事生产经营活动的个人，因创业或再创业提出资金需求申请，经银行认可有效担保后而发放的一种专项贷款。

2. 商业抵押贷款

商业抵押贷款：是指利用自己或他人名下的房产等作为抵押物，向银行申请信贷资金。

3. 保证贷款

保证贷款：是指贷款人按《担保法》规定的保证方式以第三人承诺在借款人不能偿还贷款本息时，按规定承担连带责任而发放的贷款。

三、创业贷款的申请条件

(1) 具有完全民事行为能力，年龄在 50 岁以下。

(2) 如果已开业，需持有工商行政管理机关核发的工商营业执照、税务登记证及相关的行业经营许可证；如果还在筹备中，需要提供相关的创业证明。

(3) 从事正当的生产经营活动，项目具有发展潜力或市场竞争力，具备按期偿还贷款本息的能力。

(4) 资信良好，遵纪守法，无不良信用及债务记录，且能提供银行认可的抵押、质押或保证。

(5) 在经办机构有固定住所和经营场所。

(6) 创业贷款申请资料。

① 有效身份证件和户籍证明、婚姻状况证明、个人收入证明。

② 相关营业执照或创业证明。

③ 银行要求的其他材料。

任务单　做一份咖啡馆的资金规划

任务内容	任务要求	图片
预筹措资金规划	你来挑选： (1) 咖啡馆启动资金 (2) 自有资金 (3) 所需资金共计 你的理由：	
筹措方法	具体有几种筹措方式，分别是什么：	

任务评价

任务二　咖啡馆资金筹措规划评价表

评价项目	评价内容	评价			建议
		☺	😐	☹	
工作态度	热情认真的工作态度				
团队精神	(1) 团队协作能力				
	(2) 解决问题的能力				
	(3) 创新能力				
咖啡馆资金筹措规划	(1) 咖啡馆规划分析				
	(2) 筹措方式的展示				
综合评价	☺ (　)　　😐 (　)　　☹ (　)				

办理咖啡馆经营许可证的程序

任务三

工作情境

当看到写有自己店名称的许可证时，除了喜悦，还有点点的压力在心头。

具体工作任务

- 了解办理咖啡馆经营许可证的程序；
- 了解食品安全的法律知识。

信息页　办理咖啡馆经营许可证的程序

一、办理流程

(1) 申请经营许可证的对象：境内从事食品经营的单位或个人。

(2) 办理流程：申请登记→受理→审查→现场审核→决定→发证。

二、具体操作程序

1. 申请登记

(1) 申请人登录区食品药品监督管理局，在办事指南中下载"食品经营许可申请书"，或登录省级食品经营许可管理系统网上申请，填写"食品经营许可申请书"。

(2) 营业执照复印件或其他主体资格证明文件复印件。

(3) 法定代表人(负责人或者业主)的身份证明(复印件)。

(4) 从业人员健康证、卫生知识培训合格证明(复印件)。

(5) 从业人员花名册(包括姓名、性别、年龄、工种)。

(6) 符合相关规定的食品安全管理人员培训证明(复印件)。

(7) 食品经营场所合法使用的有关证明(如房屋产权证明和租赁协议等)。

(8) 食品经营场所总平面图和各功能区平面图(标明面积)。

(9) 食品经营场所周围25米内环境平面图(注明是否有污染源)。

(10) 食品安全管理制度。

(11) 食品安全管理组织(设置食品安全管理人员、食品原料采购员、食品原料验收员等重要岗位)。

(12) 生活饮用水安全检测报告(使用自来水公司供水的不用提供)。

(13) 食品安全突发事件应急处置预案。

(14) 委托代理人的身份证复印件及委托书(需代理人办理的提供)。

(15) 国家食品药品监督管理局或者省、自治区、直辖市市场监督管理部门要求申报的其他资料。

2. 受理

到区政务服务中心食药监管局窗口，或区各辖区食品药品监督管理所，办证窗口递交申请材料。

3. 审查

窗口工作人员按规定对申报材料进行审核，决定是否予以受理；材料齐全、符合法定形式的，予以受理；申请材料存在可以当场更正的错误的，允许申请人当场更正；申请材料不齐全或者不符合法定形式的，应当场或者在5个工作日内一次性告知申请人需要补正的全部内容。

4. 现场审核

申请从事食品经营的单位，须具备以下条件：

(1) 有固定的经营场所(产权证明或租赁合同)。

(2) 具有独立承担民事责任的能力。

(3) 具有与制作供应的食品品种、数量相适应的食品原料处理和食品加工、储存等场所，保持该场所环境整洁，并与有毒、有害场所以及其他污染源保持规定的距离。

(4) 具有与制作供应的食品品种、数量相适应的经营设备或者设施，有相应的消毒、更衣、洗手、采光、照明、通风、冷冻冷藏、防尘、防蝇、防鼠、防虫、洗涤以及处理废水、存放垃圾和废弃物的设备或者设施。

(5) 具有经营食品安全培训、符合相关条件的食品安全管理人员，以及与本单位实际相适应的保证食品安全的规章制度。

(6) 具有合理的布局和加工流程，防止待加工食品与直接入口食品、原料及成品交叉污染，避免食品接触有毒物、不洁物。

(7) 用水应当符合国家规定的生活饮用水卫生标准。

(8) 国家食品药品监督管理局或者省、自治区、直辖市市场监督管理部门规定的其他条件。

5. 决定

符合条件的，依法作出准予许可的书面决定。

办理经营许可证的期限：9个工作日。

6. 发证

申请人到区政务服务中心食品药品监督管理局窗口或所属辖区食品药品监督管理所窗口领取"食品经营许可证"，或不予许可决定书。

收费标准：无工本费。

小贴士

（1）申请人应当如实向市场监督管理部门提交有关材料和反映真实情况，对申请材料的真实性负责，并在申请书等材料上签名或者盖章。

（2）申请人提供复印件时必须连同所有证件原件一起提交，原件核对无误后当场退还。上述复印件及其他文件均应为A4规格或A4规格打印件，复印件应清晰可见。

（3）申请人可以通过自己的账户随时查询所办理事项的进度，申请通过审批后，将会收到领取登记证的信息，提示可以凭受理回执到窗口领证(网上申请者)。

（4）许可证的相关法律依据：《中华人民共和国食品安全法》《中华人民共和国行政许可法》《食品经营许可管理办法》《食品经营许可审查通则(试行)》《食品经营许可实施细则(试行)》。

任务单　做咖啡馆注册办理

任务内容	任务要求	图片
办理的程序	你来回答： 办理许可证的流程	
材料的申报	你来试试： (1) 提交的主要资料有哪些 (2) 提交后需要几个工作日 (3) 收费的标准	

任务评价

任务三 证件申办能力评价表

评价项目	评价内容	评价			建议
		☺	😐	☹	
工作态度	热情认真的工作态度				
团队精神	(1) 团队协作能力				
	(2) 解决问题的能力				
	(3) 创作能力				
所需证件	(1) 申办材料准备得是否齐全				
	(2) 申办材料准备得是否准确				
综合评价	☺ （ ）　　😐 （ ）　　☹ （ ）				

咖啡馆的类型及设计（风格特色的营造）

任务四

工作情境

柔软的沙发，浓浓的咖啡香，温暖的灯光……

具体工作任务

- 了解咖啡馆的类型；
- 学习咖啡馆设计(风格特色的营造)，进行形象设计。

信息页　咖啡馆的类型及设计(风格特色的营造)

一、决定咖啡馆类型的条件

决定咖啡馆类型时需要考虑的条件和因素很多，例如，投入资金的额度，投资者对咖啡馆的经营理念、个人性格、风格喜好，周边咖啡馆的经营内容等。咖啡馆类型的选择将决定咖啡馆经营的成败，因此需要经营者决策时慎之又慎。

想开店的时候，独自开店还是加盟连锁店便是面临的第一个选择。咖啡馆的形态大致可分为个性店、复合式店和加盟连锁店。从所获得的毛利率方面看，个性店与加盟连锁店是差不多的，因为虽然单价高低不同，但若同时考虑商圈租金、人事等其他费用，获利率相差不多。

不同性格的人开不同的店，个性店较适合慢调、有独特个性、注重设计品味的人来经营，而其所面对的顾客群也是讲究品位的人，营业面积为100～130m²，雇用4～6位工作人员就行，此类店的经营者与客人关系最亲近，比较像朋友，咖啡单品售价较高，提供的服务则较完善。

复合式店适合有某种特殊才艺或特殊组合背景的人，咖啡只是店内产品之一，并不是营业的全部。经营者也许对餐饮有研究，也许对花艺有兴趣，主要收入不是来自咖啡，而是"兴趣营业项目"，开拓客户不易，但客户群会很忠实、很稳定。

加盟连锁店让创业变得比较容易，但投资金额相对较高，需付出大笔资金。同时个人自主性较低，但有总公司的整体行销包装与品牌知名度做护航。通常总公司会希望开店地点位于人流量较高的商圈，相对的竞争者较多，租金也较高，较适合愿意在商场中一比高下的人来经营。这种形态的咖啡馆，经营者与顾客之间的距离最远，咖啡单品售价较低，为中低价位，因为多属半自动式服务。

二、咖啡馆的常见类型介绍

1. 个性化咖啡馆

个性化咖啡馆，简单概述就是提供消费者可以喝咖啡的休憩空间，给客人提供一个休息、沉思或是交友的空间。其个性的地方就在于咖啡。一般来说，这种咖啡馆之所以会创建，大多是源于老板个人对咖啡的强烈兴趣，将好喝的咖啡视为自己的作品，让整间店充满强烈的个人风格，客户会比较少，但大多相当忠诚。个性店的特色如下。

戴妃咖啡馆

(1) 侧重于咖啡调制的方法和过程，有虹吸式、意大利式、滤泡式等。

(2) 侧重于店内的气氛营造，如看书、约会、聊天、沉思寻静、放松等。

(3) 强调店主个人风格。

2. 复合式咖啡馆

复合式咖啡馆，是咖啡、酒、茶、商品等综合概念的融合，满足客人的不同需求是其经营理念。把咖啡和其他行业结合，除了卖咖啡以外，还可以满足消费者的其他需求，这就是复合式咖啡馆的最大特色。

复合式咖啡馆主要有以下几类。

(1) 服饰店或精品店兼营咖啡吧。

(2) 图书、茶艺搭配咖啡。

(3) 以餐点为主，咖啡饮料为辅。

(4) 网络咖啡，以上网为主，咖啡不过是提供的饮料。

盒子咖啡酒吧   CJW爵士乐酒廊

3. 加盟连锁咖啡馆

虽然自己开店的投资成本可能较低，但既需管店面又要做营销、促销、研发和管理等，可能分身乏术，无法做得很好。相比之下，加盟连锁咖啡馆是个不错的选择。可选择一家具有一定的市场知名度和美誉度的品牌作为入市的依托。原因是咖啡馆在国内兴起的时间并不长，市场仍属于发育期，加盟可以降低失败的风险。

由于基本上接受加盟的总部可以把其开店模式复制给加盟店，所以只要照着去做就行了。而且品牌加盟店的知名度比独立开店高，更容易吸引顾客。

业内人士还指出，加盟店由总部提供后勤、商品及第一手的市场信息，投资者只需负责店务操作及店面管理，优势明显。

三、咖啡馆的风格选择

咖啡馆形象是其品质的外在体现。咖啡馆的形象越好，越容易增加吸引力、给顾客留下深刻印象、提高业绩。说到咖啡馆的形象，就需要先把它的外在风格确定下来。

1. 常见咖啡馆的几种风格

时尚类咖啡馆、人文类咖啡馆、休闲类咖啡馆等。

无论选择什么风格，咖啡馆的设计都要以顾客为本，都要遵循一些基本准则。比如，咖啡馆的形象要能体现出咖啡馆的服务周到、方便快捷和食品美味等。而咖啡馆的设计、服务标准、清洁程度、产品质量、亲切友善的员工等亦是咖啡馆形象的一部分。

2. 咖啡馆设计的几个要素

(1) 要依据当地商圈的特色，思考如何把咖啡馆融入其中。

要让咖啡馆融入建筑物，而不能破坏建筑物原来的设计风格。开一家新店时，可以用相机或手机把店址内景和周围环境拍下来，把照片发给设计室，请设计师帮助设计，然后根据设计方案进行施工，确保咖啡馆与整体环境融为一体。在拓展新店时，尽量寻找具有特色的店址，并结合当地景观对店面进行设计。

(2) 店标是咖啡馆的标志，应能体现稳固、恒定的品质。咖啡馆必须确保店标和招牌能留给顾客良好的第一印象。

(3) 服务台的摆放位置十分重要，设计时要使顾客一走进来就能看到服务台，并且一进店就能享受到服务生的热情相迎。

(4) 服务台物品，如饮料、食品、咖啡豆的摆放应首先考虑顾客的需求。咖啡馆的菜单应便于翻阅。座位的设计应考虑到顾客逗留时间的长短。最好再摆设一些艺术品。这一切的目的就是给顾客提供一个整洁有序、环境幽雅的空间。

(5) 要想成为咖啡馆经营中的佼佼者，就必须树立起良好的形象。这可以通过一个积极投入的团队来创造，包括店员、店长、业主和供应商，大家必须充分了解自己所扮演的角色。

四、咖啡馆的装修和装饰

关于咖啡馆的装修和装饰，这里不再一一展开，仅就几个重要的方面作一下介绍。

1. 店门设计

店门除其基本作用外，还应能起到吸引人们的注意，对咖啡馆产生兴趣的作用。将店门设置在店面中间、左边还是右边，要根据客流量和咖啡馆面积等具体情况而定。一般大型咖啡馆大可以将店门安置在中央；而小型咖啡馆的店堂狭窄，如果将店门设置在中央会直接影响店内实际使用面积和顾客的自由流通，所以，进出门设在左侧或右侧比较合理。

从经营的出发点来看，店门应当是开放性的，所以设计时应当考虑到不要让顾客产生幽闭、阴暗等感觉。明快、通畅的门店设计才是最好的选择。

2. 招牌设计

咖啡馆店面的上部一般都要设置一个条形商店招牌，以醒目地显示店名。在繁华的商业区里，消费者往往首先是根据大大小小、各式各样的店面招牌来寻找自己消费的目标场所。具有高度概括力和强烈吸引力的咖啡馆招牌，对顾客的视觉刺激和心理影响是很重要的。

如今的咖啡馆门面装饰材料已不限于木质和水泥，而是更多采用薄片大理石、花岗岩、金属不锈钢板、薄型涂色铝合金板等。石材门面显得厚实、稳重、高贵、庄严；金属材料门面显得明亮、轻快，富有时代感。有时，随着季节的变化，还可以在门面上方安置各种类型的遮阳篷架，以使门面看起来更加清新、活泼，同时也无形中扩展了营业面积。

3. 橱窗设计

橱窗好似咖啡馆的一张脸，即便是匆忙路过的人，也会停步观赏一番。精心设计的橱窗，是现代装饰的重要内容。一般来说，现代橱窗追求主题突出、格调高雅，具备立体感和艺术感染力。纽约的咖啡馆喜欢在橱窗里使用艺术雕塑式人物造型来配合咖啡品牌的陈设，使整个橱窗在艺术装饰的烘托下显得层次分明、一目了然。

4. 色彩设计

色彩具有振奋或安抚人心的作用，咖啡馆可以利用色彩来吸引顾客。例如，一些和周围环境形成对比的色彩，可以让顾客产生好奇心，甚至激起流连忘返的情愫。

色彩使用得当可以突出气氛。例如，在黯淡颜色的背景上配以明快的色调，可以使顾客注意到陈列的咖啡等产品；在中间色调的背景上摆放冷色或暖色的饮料，也会起到良好的衬托效果。如果采用彩色灯光照射，灯光色彩与咖啡本身色彩的良好搭配，可以充分显示咖啡的特点，并吸引顾客的注意力。

咖啡馆的色彩运用，还应考虑到顾客阶层、年龄、爱好倾向等因素。总之，冷冷的气氛总不如温暖、温馨的气氛更受人欢迎。

五、咖啡馆的形象设计

良好的店面形象设计，不仅可以美化咖啡馆，还能给消费者留下美好印象，以便进一步起到招徕顾客、扩大销售的目的。

对于店铺的外观、招牌和内部，可利用色、形、声等技巧加以表现。个性越突出，越易引人注目。

(1) 设计必须符合咖啡馆的特点，从外观和风格上反映出咖啡馆的经营特色。

(2) 要符合主要客户群的喜好。

(3) 店面的装潢要充分考虑与原建筑风格及周围店面是否协调，个性虽然抢眼，但一旦使消费者觉得粗俗，就会失去信赖。

(4) 装饰要简洁，宁可不足，不能过分，不宜采用过多的线条分割和色彩渲染，应免去过多的装饰，不要让顾客感到太过烦琐。

(5) 店面的色彩要统一协调，不宜采用生硬的强烈的对比。

(6) 招牌上的字体大小要适宜，过分粗大会使招牌显得太挤，容易破坏整体布局，可通过衬底色来突出店面，同时可用霓虹灯、射灯、彩灯、反光灯、灯箱等来加强效果。

(7) 咖啡单的设计应遵循美观、图文并存、文字简洁、色彩搭配合理等原则。

六、咖啡馆的细节设计

人们常说：细节决定成败。咖啡馆的经营成败也和细节密不可分。很多顾客钟情于一家咖啡馆，多是源于一些小的细节，因为这些细节让其感受到了尊重、满足和快乐。

这些细节可能是来自咖啡馆的音乐、一个小小的饰物、书架、椅子的防滑套等。其实就是咖啡馆的经营者把顾客真正放在了心上，从心里尊重顾客，热爱咖啡，不遗余力地去完善服务、提高品质，这样自然会得到顾客的认可。

就像一家咖啡馆宣传册里面说的那样："一扇敞开的门，一个趣味的空间，一段永恒的时间，一座城市的风情。"

一家成功的咖啡馆，它的每一个细节在某种程度上都是在向顾客表明：要享受真正的咖啡，必须体验喝咖啡的那种自然感受。

咖啡，是文化底蕴非常深厚的作品。喝咖啡，不应只是一种普通的日常活动，它还是某种独特的清宁体验，会带来整个世界都慢下来的感觉。这是一份非常好的深厚体验，或在出品，或在服务，或在氛围，或在心情……

任务单　做一份咖啡馆的风格设计方案

任务内容	任务要求	图片
咖啡馆的类型	你的咖啡馆属于哪种类型	
招牌风格	你的咖啡馆招牌是怎样的风格	
装修设计	描述一下你的咖啡馆的装修设计风格	
家具风格	描述一下你的咖啡馆的家具风格和细节	

任务评价

任务四　咖啡馆风格设计评价表

评价项目	评价内容	评价 ☺	☺	☹	建议
工作态度	热情认真的工作态度				
团队精神	(1) 团队协作能力				
	(2) 解决问题的能力				
	(3) 创新能力				
咖啡馆风格设计	(1) 风格设计符合所设定的咖啡馆类型				
	(2) 风格设计新颖、统一				
综合评价	☺ (　) 　☺ (　) 　☹ (　)				

任务五　咖啡馆设备配置、技术培训与原料供应

工作情境

伴着咖啡机运作的声音，跃动着咖啡师专业的身影，还有那一包包咖啡豆静静地散落在柜台一侧。

具体工作任务

- 掌握咖啡馆的设备配置、技术培训与原料供应。

信息页　咖啡馆设备配置、技术培训与原料供应(如表5-5-1所示)

表5-5-1　咖啡馆设备配置、技术培训与原料供应

项目	说明	图片
设备配置	半自动咖啡机、研磨机、制冰机、冰沙机、咖啡壶具、烤箱、微波炉、电磁炉、冰箱、冰柜、空调、桌椅家具、各种杯具、服务用具、厨房用具、照明设备、装饰等	
技术培训	(1) 招牌员工。好的员工至少应该拥有以下3个品质：性格要开朗，善于沟通，友善；有团队精神，协调能力强，做事不拖拉，与其他员工配合融洽；可靠，按时上下班，守信等 (2) 员工培训的重要性：员工对产品知识和操作规范的熟悉，能够很好地保证产品质量；咖啡馆价值观和终极目标的树立和统一；责任的分布和条理性	
原料供应	选择好的原料供应商对产品品质和咖啡馆的赢利有很重要的影响。选择供应商应该注意以下6点： (1) 与其交谈时，对方表述是否流畅和专业 (2) 是否有辅助服务和对咖啡馆经营有效的建议与帮助 (3) 进货前先试用，以检测原料品质 (4) 最好长期合作，以持续达成互利原则 (5) 不要过于降低价格，选择品质差的原材料 (6) 不草率决定	

(续表)

项目	说明	图片
咖啡馆设计展示(拓展)	(1) 为了强化咖啡馆装饰的现代感，设计师将两种不同材质的帘幕层层交叠，以轻纱配合灰色与深红紫色的塔夫绸塑造出不同的光影效果 (2) 夏日，帘幕完全拉开之后，玻璃屋内的空间向露天咖啡座大幅敞开。另外，设计师悬挂了铝质网络织成的帘幕来遮掩咖啡馆后方的窗户，并且把后照光源安置在帘幕上方的箱柜里，使金属帘幕闪现波浪般的光泽	

?? 任务单　做一份设备配置、技术培训方案

任务内容	说明
所需设备	
技术培训方案	

任务评价

任务五　咖啡馆设备配置、技术培训方案能力评价表

评价项目	评价内容	评价			建议
		☺	😐	☹	
工作态度	热情认真的工作态度				
团队精神	(1) 团队协作能力				
	(2) 解决问题的能力				
	(3) 创新能力				
设备配置、技术培训	(1) 设备配置齐全				
	(2) 技术培训方案规范				
综合评价	☺ (　)　　😐 (　)　　☹ (　)				

任务六

咖啡馆运营策划（营销和管理）

任务六

工作情境

看着来来往往的人群，咖啡馆的生意越来越好，心情也将越来越好。

具体工作任务

● 掌握咖啡馆的运营策划(营销和管理)。

信息页 咖啡馆运营策划（营销和管理）

一、运营管理

咖啡馆运营管理大致可分为以下两个阶段。

1. 经验管理阶段

开业初期还需要慢慢调整和稳固，此时只能运用经验管理，因此需要制定严格的管理办法，列出具体的工作方法及步骤，为以后的管理做好定位。

2. 质量管理阶段

开业一段时间后，对基本的分工及管理渐渐有所明确后，要采取标准制度管理，对每款产品都进行标准管理，并严格执行。

在两大管理方法的基础上还要加强服务质量管理，以服务质量树立咖啡馆形象，进而树立咖啡馆的品牌形象。

二、营销策划

营销策划大致分为：总体策划、季节性策划、节日策划等。无论哪种营销策划，都应该遵循定位准确、价格适中、产品及服务质量稳定的原则。

咖啡馆开业初期，需要经过一段时间坚持不懈地宣传推广才能积累稳定的客源，而为了在短期内让目标顾客上门来消费，推广和宣传必不可少。推广可以有很多技巧，也不一定花很多钱做广告，以下是一些可供借鉴的方法。

(1) 媒体：可以找一些杂志、报纸等媒体做软性广告，争取多联络一些合作的媒体。而在众多媒体中，网络可能是最乐于合作并帮助宣传的，可以尽量利用它帮店铺作宣传。

(2) 宣传资料：如果店铺的位置不够明显，可以在人流高峰期派工作人员在附近的写字楼、大型商场、小区等派发宣传资料。宣传资料一定要设计精美，甚至还可以附有免费赠券或者优惠券，以吸引相关人员来店消费。

(3) 通过管理者人脉关系进行口碑推广：召集身边的朋友，通过人脉来为新开张的咖啡馆造势，以避免出现冷场现象，增加人气。

(4) 建立顾客档案：可以通过一些打折或者优惠技巧留下顾客的资料。这样在季节和节日性活动策划、新品上市时，可以第一时间把消费信息传递给顾客。还可以通过节日回访问候增进熟悉度，从而培养忠实性顾客。

任务单　尝试做一份营销方案

任务内容	说明
营销的产品	
营销的方法	
营销方案所需成本费用	
此方案预计赢利额	

任务评价

任务六　咖啡馆营销评价表

评价项目	评价内容	评价			建议
		☺	😐	☹	
工作态度	热情认真的工作态度				
团队精神	(1) 团队协作能力				
	(2) 解决问题的能力				
	(3) 创新能力				
咖啡馆营销策划	(1) 设计构思、突出重点、符合营销要素				
	(2) 营销策划可行性				
综合评价	☺ (　)　　😐 (　)　　☹ (　)				

参考文献

[1] 良品. 咖啡[M]. 成都：成都时代出版社，2009.

[2] [日]小池美枝子. 咖啡制作大全[M]. 灵思泉，译. 沈阳：辽宁科学技术出版社，2007.

[3] 高碧华. 品味咖啡[M]. 北京：中国宇航出版社，2003.

[4] 高碧华. 咖啡师指南：意大利浓缩咖啡原理与技术[M]. 北京：中国宇航出版社，2008.

[5] 张永成. 创业与营业[M]. 北京：京华出版社，2008.

[6] 柯明川，著. 廖家威，摄. 咖啡生活[M]. 北京：中国妇女出版社，2004.

《中等职业学校酒店服务与管理类规划教材》

西餐与服务（第2版）

汪珊珊 主编　刘畅 副主编
ISBN：978-7-302-51974-4

中华茶艺（第2版）

郑春英 主编
ISBN：978-7-302-51730-6

会议服务（第2版）

高永荣 主编
ISBN：978-7-302-51973-7

咖啡服务（第2版）

荣晓坤 主编　林静 李亚男 副主编
ISBN：978-7-302-51972-0

调酒技艺（第2版）

龚威威 主编
ISBN：978-7-302-52469-4

酒店服务礼仪（第2版）

王冬琨 主编　郝璞　张玮 副主编
ISBN：978-7-302-53219-4

中餐服务（第2版）

王利荣 主编　刘秋月　汪珊珊 副主编
ISBN：978-7-302-53376-4

前厅服务与管理（第2版）

姚蕾 主编
ISBN：978-7-302-52930-9

客房服务（第2版）

赵历 主编
ISBN：978-7-302-54147-9

葡萄酒侍服

姜楠 主编
ISBN：978-7-302-26055-4

酒店花卉技艺

王秀娇 主编
ISBN：978-7-302-26345-6

雪茄服务

荣晓坤　汪珊珊 主编
ISBN：978-7-302-26958-8

康乐与服务

徐少阳 主编　李宜 副主编
ISBN：978-7-302-25731-8